Florian Langenscheidt
André Schulz
Vom Glück der Freiheit

Florian Langenscheidt
André Schulz

Vom Glück der Freiheit

Den Schritt in die Selbstständigkeit wagen

Mit Beiträgen 20 erfolgreicher Gründer*innen

Bibliografische Information der Deutschen Bibliothek

Die Deutsche Bibliothek verzeichnet diese Publikation in der
Deutschen Nationalbibliografie; detaillierte bibliografische Daten
sind im Internet unter www.dnb.de abrufbar.

Penguin Random House Verlagsgruppe FSC® N001967

1. Auflage
© 2022 Ariston Verlag in der Penguin Random House Verlagsgruppe GmbH,
Neumarkter Straße 28, 81673 München
Alle Rechte vorbehalten

Redaktion: Evelyn Boos-Körner
Umschlaggestaltung: Hauptmann & Kompanie Werbeagentur, Zürich
Satz: Satzwerk Huber, Germering
Druck und Bindung: CPI books GmbH, Leck

Printed in Germany

ISBN: 978-3-424-20258-8

Wir tun am meisten für unser Glück, wenn wir uns primär um das Glück anderer kümmern. Diesen Gedanken verkörpern idealtypisch das Gründerpaar und alle anderen bei BioNTech. Wir verdanken ihnen unendlich viel schon jetzt – und das ist erst der Anfang. Daher sei ihnen dieses Buch in Dankbarkeit und Respekt gewidmet.

Inhalt

Gründerglück!!!! – Einleitung von Florian Langenscheidt

» Und jedem Anfang wohnt ein Zauber inne, der uns beschützt und der uns hilft zu leben.« Hermann Hesse schrieb diesen wunderbaren Satz, als wolle er einführen in Gedanken zum Glück des Gründens.

Sie schauen auf den nächsten Seiten in den Kopf und das Herz eines Mannes, der leidenschaftlicher Unternehmer, Gründer und Business Angel ist – und dazu noch einen kleinen Spleen hat.

Zuerst der Spleen: Es begann während meines Philosophiestudiums vor gefühlten Ewigkeiten, dass ich nicht nur versuche, selbst glücklich zu sein (das tun wir wohl alle in irgendeiner Weise), sondern ein konstantes Nachdenken über Glück im Hinterkopf habe. Wobei viele Freunde sagen, warum eigentlich? Sei doch einfach glücklich! Ist ja schön und gut – ich bin auch inzwischen ganz begabt dazu. Aber irgendwie reizt es mich immer wieder, darüber nachzudenken, warum und wie. Ich habe während des Studiums so gut wie alles gelesen, was je über Glück geschrieben wurde. Von Plato bis zu Aristoteles, von Epikur bis zu Jeremy Bentham, von John Stuart Mill bis zu Ludwig Marcuse. Einfach alles. Ich fand das Gelesene aber dermaßen unbefriedigend, blutleer, mechanistisch und rational, dass ich es kaum glauben konnte. In den USA dürfte man so was aus Gründen der *political correctness* nicht sagen, hier hoffentlich schon: Ich dachte damals, vielleicht liegt das daran, dass zu jener Zeit fast nie eine Frau über Glück geschrieben hat. Es fehlte vollkommen die Erdung und auch jede Emotionalität für jene fragilen Momente, in denen plötzlich alles stimmt. In denen ich mich eins fühle mit mir selbst, mit den Menschen um mich herum, mit meinen Erwartungen, mit meiner Tätigkeit, mit meiner Umwelt. So würde ich Glück heute ungefähr definieren. Sehr zerbrechlich, sehr selten, sehr unvorhersehbar, nicht erzwingbar mit der Brechstange, aber sich immer wieder auf die Schulter setzend – oft in Momenten, in denen man es gar nicht erwartet. Häufig merkt man erst zu spät, wie glücklich man war in einer bestimmten Zeit. Der Zeitbegriff löst sich ohnehin auf, denn oft macht die Vorfreude glücklicher als das ersehnte Ereignis selbst. Und eines stellt sich gar nicht mehr: die Sinnfrage. Über dieses Glück (und seine Schwester, ohne die es gar nicht sein kann, das Unglück) fing ich an nachzudenken.

Aus der genannten Enttäuschung heraus gründete ich damals, es war meine erste Gründung, mit Freunden ein Institut für angewandte Glücksforschung. Wir haben zum Beispiel einfach in Fußgängerzonen erforscht, was Menschen wirklich glücklich oder auch unglücklich macht (denn Glück ohne Unglück geht genauso wenig wie nur Küssen im Sonnenuntergang). Das war der Beginn einer lebenslangen Besessenheit von einem Thema. Ergebnis waren unter anderem mehrere Bücher wie »Glück mit Kindern«, »1000 Glücksmomente«, »Von Liebe, Freundschaft und Glück«, »Finde dein Glück. Was im Leben wirklich zählt« oder »Alt genug, um glücklich zu sein«.

Und dann kam ein Anruf. Der damalige Chef der *Harvard University* beobachtete bei den *Undergraduates* an Harvard, den 18- bis 22-Jährigen, dass der Wettbewerb so stark war, dass die Suizid-Rate hochschnellte. Wenn man um vier Uhr nachts durch die Schlafräume ging, machten die Studenten nicht Party, sondern arbeiteten. Das, sagte er, solle so nicht sein. So ein *rat race* wäre nicht gut in der Phase, die eigentlich die glücklichste im Leben sein könnte. Und er gab als Motto aus: *We have to make Harvard a happier place.* Und wenn Harvard etwas macht, dann systematisch und gründlich. Es wurde ein riesiger Kongress einberufen und für jeden Kontinent ein Denker ausgewählt, der die dortige Denk- und Fühltradition zum Thema Glück darstellen sollte. Sie ahnen, was geschah und mich sehr glücklich machte: Ich sollte Europa vertreten. Da habe ich wieder so gut wie alles zum Thema Verfügbare gelesen. Und was inzwischen erschienen war, war nicht wirklich besser. Also habe ich selbst nachgedacht und schrieb eine umfassende Rede mit all meinen Erkenntnissen, diskutierte sie mit Menschen aus aller Welt und war wieder voller Leidenschaft beim Thema. Große Rede, tiefer Sinn: Im Sommer 2012 erschien »Langenscheidts Handbuch zum Glück«, das Ergebnis von mehr als 30 Jahren Nachdenken und Forschen über Glück. Das Werk schoss schnell auf die Bestsellerliste, blieb dort 17 Wochen lang und machte nun auch mich sehr glücklich. Nicht nur wegen der Verkaufszahlen, sondern wegen dem, was zurückkam. Aber nicht im Sinne von Remissionen, also Rücksendungen aus dem Buchhandel, sondern im Sinne all der persönlichen Reaktionen, die auf mich einprasselten. Viele Beziehungen, so hörte ich etwa, seien zusammengeblieben, weil jemand merkte, eigentlich macht mich diese Person schon glücklich, ich muss bloß die Perspektive und Erwartungshaltung ändern. Und genauso viele Beziehungen wurden nach der Lektüre des Buches aufgelöst, weil Menschen den Mut dazu fanden, Mut zum Glück. »Auf dem Sterbebett ist es zu spät«, so sagten sie sich, »es kann nicht wahr sein, dass ich neben dieser Person die nächsten 35 Jahre aufwache.«

Kurzum: Mein Handbuch zum Glück veränderte die Perspektive aufs Leben, öffnete Augen, ließ Welt und Leben in neuem Licht erscheinen. Es wurde für viele Menschen ein liebevoller Schlag auf den Hinterkopf.

Und da ich nicht nur Autor und Redner bin, sondern auch Unternehmer, Gründer und Business Angel, lag der Versuch nahe, Erkenntnisse aus der Glücksforschung einmal zu übertragen auf all das, was wir täglich so machen und was uns antreibt: gründen, unternehmen, Neues in die Welt setzen. Ich will das mit vier kleinen Geschichten tun. Eine aus der ersten deutschen Gründerzeit Mitte des 19. Jahrhunderts, also eine nicht selbst erlebte. Und drei selbst erlebte. Beginnen wir mit der aus der Gründerzeit:

1832 wurde mein Ururgroßvater Gustav Langenscheidt geboren. Mit 18 Jahren tat er das, was man damals so tat: Er ging auf die *Grand Tour d'Europe*. Er wanderte durch Europa, von Berlin kommend, wo ich lebe, und wieder dorthin zurückkehrend. Er war ein extrem moralischer Mann. Sein Englisch war sehr unzulänglich, Fremdsprachen wurden damals in der Schule sehr schlecht vermittelt, man lernte nicht wirklich kommunizieren, nur ein bisschen Grammatik. In London passierte ihm daher etwas Furchtbares, es war der GAU für ihn: Auf der Suche nach einem Hotel geriet er wegen seiner schlechten Sprachkenntnisse in ein Etablissement, ein Stundenhotel. Ich fand das in seinen Tagebüchern, als ich die Verlagsgeschichte schrieb. Er verbrachte eine Nacht dort und verzweifelte, weil er hörte, wie immer die Türen klapperten und jede Stunde irgendwelche Zimmer gewechselt wurden. Am nächsten Tag schrieb er mit dicken Buchstaben und drei Ausrufezeichen in sein Tagebuch: »Es ist schon ein unwürdiges Gefühl, Mensch unter Menschen zu sein und sich nicht verständigen zu können!!!«

Das war der Nukleus. Und aus dieser Not, aus dieser Notwendigkeit heraus (Unternehmen werden ja meistens aus so einer persönlichen Befindlichkeit heraus gegründet) sagte er sich: Es muss doch möglich sein, Fremdsprachen so zu vermitteln, dass sie zur Kommunikation taugen. Sie bestehen doch nicht nur aus Grammatik.

Dann kam er nach Berlin zurück.

Problem Nr. 1: Er wurde zum Wehrdienst einberufen. Wehrdienst gibt es heute nicht mehr als Gegengrund zum Gründen. Damals schon. (Und trotzdem haben wir die Wirtschaftsgeschichte verändert durch unsere Gründerzeit. Dann wird uns das ja wohl jetzt nochmals gelingen, oder?)

Problem Nr. 2: Er fing – wir schreiben das 19. Jahrhundert – natürlich mit dem Französischen an. Das war damals die Sprache, auf die alle schauten. Die Sprache der Mode, der Eleganz, des Lebensstils, der Diplomatie. Nur leider konnte Gustav Französisch überhaupt nicht. Also gründe mal ein Unternehmen mit einem Französischkurs, wenn du selbst nicht mal Französisch kannst und Englisch auch nur relativ bruchstückhaft. Das ist wie Google gründen, ohne einen Laptop oder PC bedienen zu können. Was tat Gustav? Er überzeugte den Französischlehrer Charles Toussaint mitzumachen. Die Experten unter Ihnen kennen die Methode Toussaint-Langenscheidt. Für fast 100 Jahre lang wurde sie der Standard im Sprachenlernen. Nach den anstrengenden Tagen im Wehrdienst saß er nachts bei Herrn Toussaint und versuchte, den ersten praxisnahen Französischkurs zu entwickeln. Was wurde daraus? Der erste Fernunterricht, den es je gab – inzwischen im Internet viel einfacher und ohne variable Kosten zu absolvieren.

Wer damals am Fernunterricht teilnahm, hatte keinen Lehrer, der vorspricht. Also musste Gustav nebenbei noch etwas erfinden: die erste praktikable Lautschrift. Nächstes Problem bewältigt. Dann kam dieser revolutionäre Fernunterricht auf den Markt und wurde ein ziemlicher Erfolg. Also sagte sich

Gustav: Dann machen wir doch auch mal Englisch. Damit passierte ihm genau das, was jede*r Unternehmer*in kennt: Man fällt auch mal auf den Bauch. Englisch interessierte im 19. Jahrhundert nur die wenigsten. Das kam erst später, durch JFK und Mondlandung und Hollywood und Apple und Google. Die heutige Lingua franca der Welt hätte ihm in der ersten Gründerzeit ökonomisch fast den Rücken gebrochen.

Doch der Probleme nicht genug. Es wurde ihm immer wieder gesagt: »Wenn du schon diese tolle Lautschrift hast, dann entwickle doch Wörterbücher. Damit man weiß, wie jedes fremdsprachige Wort ausgesprochen wird.« Und er sagte: »Na gut, dann machen wir halt auch Wörterbücher.«

Das war wahrscheinlich seine folgenreichste Entscheidung, denn sie kostete ihn den Rest des Lebens. 30 Jahre. Kaum eines der Megaprojekte ist zu seinen Lebzeiten fertig geworden. Gustav hatte vollkommen unterschätzt, was große und standardsetzende Wörterbücher an Investition und langem Atem brauchen.

So weit die Geschichte aus der Gründerzeit. Jedes Unternehmen hat eine solche. Bei uns ist nicht weniger daraus geworden als der Inbegriff des Fremdsprachenlernens und eine Brücke zwischen den Nationen der Welt.

Wenn ich jetzt in »Langenscheidts Handbuch zum Glück« schaue und überlege, welcher der dort abgehandelten 24 Hauptfaktoren für Glück hierbei am schärfsten akzentuiert wird, ist es der erste: »Trotzdem glücklich.« Gustav Langenscheidt hat es geschafft, als Gründer trotz gigantischen Gegenwinds etwas Einmaliges aufzubauen. Und genau das habe ich in der jahrzehntelangen Beschäftigung mit Glück gelernt: Wir Menschen haben, wenn wir nur wollen, eine unfassbare Fähigkeit, Weltmeister im »Trotzdem« zu sein. Im »Jetzt erst recht«. Es ist relativ simpel, glücklich zu sein, wenn alles ganz gut läuft (allerdings scheitern sogar hier viele ...). Aber zur Königsdisziplin wird Glück, wenn ich es trotz großer Hindernisse, trotz starken Gegenwinds, trotz herber Verluste, trotz schlimmster Schicksalsschläge schaffe. Ich bin ein großer Fan der Paralympics geworden, seit ich mich mit Glück beschäftige. Früher habe ich – wie alle – zumeist die Olympischen Spiele der rundum gesunden Athleten angeschaut, jetzt eigentlich hauptsächlich die Paralympics. Ich durfte viele Menschen kennenlernen, die ein Bein verloren haben, querschnittsgelähmt sind, die schlimmsten Unfälle überlebten, die schrecklichsten Krankheiten überstanden. Und sich trotzdem motivierten, wieder Höchstleistung zu bringen. Oft in einer neuen Disziplin, mit der sie sich vorher noch nie beschäftigt hatten.

Heinrich Popow etwa, der im 100-Meter-Lauf, der Königsdisziplin auch bei den Paralympics, erst Bronze, dann Silber und in London sogar Gold gewann. Eines seiner Beine wurde wegen einer Krebserkrankung abgenommen, als er neun Jahre alt war. Er trägt im Sommer immer sehr offensiv kurze Hosen. Weil er sagt, bei den Mädchen käme das gar nicht so schlecht an, wegen des Mitleidsfaktors. Er sieht sich da nicht als benachteiligt gegenüber anderen. Und sagt dann den coolen Satz:»Wenn ich mal 0,1 Sekunden langsamer laufe, ist die Prothese nie das Problem. Es ist immer das gesunde Bein, das mir Probleme macht.«

Oder Kirsten Bruhn, Goldmedaillengewinnerin im 100-Meter-Brustschwimmen. Die habe ich kurz nach den Olympischen Spielen gesehen, wie sie im Rollstuhl auf die Bühne kam und den verblüffenden Satz sagte:»Es ist schon paradox, wie der schrecklichste Moment meines Lebens (ein wirklich desaströser Motorradunfall in Griechenland, als sie 21 Jahre alt war – Anmerkung der Autoren) die Basis wurde für den allerschönsten, das war Gold zu gewinnen bei den Paralympics.«

So eng leben Triumph und Tragik, Glück und Leid zusammen. Und wenn wir gut sind, sind wir eben Weltmeister im »Trotzdem«. Beim Gründen und im ganzen Leben.

Die zweite Geschichte: Ich selbst habe beruflich sehr vieles unternommen, zum Beispiel während der Universitätszeit sehr ausgeflippte Musik gemacht. Mein letzter Studium war mit 30 Jahren der MBA an INSEAD in Frankreich. Da gab es in den letzten Monaten einen Wahlkurs Unternehmensgründung, der mich magisch anzog. Dort sollte man einen Businessplan zu einer neuen Geschäftsidee ausarbeiten. Alle wollten etwas im Bereich IT machen (das Internet gab es damals noch nicht als das Medium der Globalisierung). Ich dachte mir: »Ach nee, da habe ich keine Lust zu. Lass doch mal überlegen, was Menschen einen Traum erfüllen würde.«

Und ich selbst hatte schon immer einen Traum in mir, und der hieß: Zeppeline. Sie kennen sicher die fliegenden Zigarren, Graf Zeppelin, Friedrichshafen, Weltumrundung, regelmäßige Fahrten nach Brasilien, Raucherlounge, Mythos der Zwanzigerjahre. Dann leider schrecklich missbraucht für Propagandazwecke im Dritten Reich. Dann 1937 der desaströse Unfall der »Hindenburg« in Lakehurst bei New York. Vorhang zu.

Dabei sagte jeder, der in einem gefahren ist: Es ist die schönstmögliche Art zu reisen, *slow travel* statt Slow Food, die perfekte Entschleunigung, Fenster aufmachen in der Luft bei ausgeschaltetem Motor, nur 100 Meter über dem Boden. Man fliegt nicht in einen Bus gepfercht, sondern kann aufstehen und zur Bar gehen. Große Ledersessel statt Schulterschluss mit unsympathischen Nachbarn. Man sieht jede Kuh und jedes Café und jeden Baum.

Es ist ein Traum, ein absoluter Traum. Und ein Jungenstraum natürlich auch.

Also Zeppeline. Ich dachte mir, es wäre doch toll, wenn man diesen Traum erfüllen könnte. Heute kann man die Zeppeline mit Helium füllen (kostet etwa eine Viertelmillion D-Mark), bei der »Hindenburg« war es Wasserstoff, weil die USA den Deutschen aus guten Gründen kein Helium für Propagandazwecke liefern wollten. Sie war deshalb eine Art fliegende Bombe. Neue Technologien gab es inzwischen auch in allen anderen Bereichen.

Deshalb schien die Frage berechtigt: »Warum gibt es das nicht wieder?«

Also rief ich nach Abschluss des MBA Albrecht Graf Brandenstein-Zeppelin, Urenkel des legendären Grafen, an und sagte: »Ich brauch' ein bisschen Geld (ich hatte damals wirklich keines) für diese Vision. Geben Sie es mir?« Er meinte: »Da kommt pro Woche einer zu mir.« Ich: »Schauen Sie sich das bitte mal genauer an. Wir haben einen sehr differenzierten Businessplan entwickelt. Und die Bestnote erhalten, denn die Banken sagten nach der Abschlusspräsentation, sie würden es sofort finanzieren. Von Zulassungs- bis zu Versicherungsfragen – wir haben alles untersucht und sind zu dem Ergebnis gekommen, es ist technisch, finanziell und auch von der Marktseite her nicht nur machbar, sondern ein Selbstgänger.« Er las die 100 Seiten, und wir trafen uns zum Mittagessen im Restaurant Aumeister in München. Beim Kaffee sagte er: »Hier hast du 100.000 Mark. Mach mal.«

Wir gründeten die Majestic Luftschifffahrtsgesellschaft mbH. Meinen Beitrag würde man heute in der Sprache des Venture Capitals *Sweat Equity* nennen. Und ein Jahr später fuhr das erste Luftschiff (aus London kommend, von dort hatten wir es geleast) nach München. 50 Jahre nach dem Desaster der »Hindenburg«!

Aus den Kalkulationen war mir klar geworden, dass der Hauptteil der Einnahmen von Sponsoren kommen müsse.

Was war die attraktivste Situation dafür? Das Oktoberfest mit seinen sechs Millionen Besuchern. Und welches Produkt hat dort sein Zuhause? Bier. Also rief ich August von Finck, damals Besitzer von Löwenbräu, an und fragte, ob er seine Marke nicht sechzehn Tage lang über dem Fest des Bieres schweben sehen wolle. Er hat lachend bejaht und mich an den Vorstand verwiesen. Der hat lachend bejaht (nicht allerdings die aufgerufene Geldsumme) und mich an die Werbeagentur verwiesen. So präsentierte ich an einem Wintertag 1987 vor den Chefs der Agentur (inzwischen sitze ich normalerweise auf der anderen Seite des Tisches). Im Köcher hatte ich die Zahl der Steigerung des Marktanteiles von Fujifilm in Kalifornien bei sonst gleichbleibenden Marketingmaßnahmen durch viermonatigen Einsatz eines Luftschiffes. Ich sagte, ich bräuchte nur eine Viertelstunde. Wenn dann die Magie des neuen Werbemediums nicht herübergekommen sei, wäre ich weg und sie könnten wieder Plakate gestalten. Ich brauchte eine Million D-Mark pro Monat.

Ich hatte sie nach 20 Minuten (obwohl die Agentur keine Provision erhielt …).

Wir waren nach einem Monat operational profitabel, das habe ich nie wieder geschafft mit irgendetwas. Das Luftschiff war immer ausgebucht, ohne dass wir einen Pfennig in Werbung investierten. Die PR-Maschinerie (»Junger Mann lässt deutschen Traum wieder wahr werden«) und die Sichtbarkeit des Zeppelins am Himmel reichten. Wir haben – ohne es bewusst zu wollen – geschafft, woran Experten heute immer wieder scheitern: Silver Marketing. Denn wir erreichten die etwas betagteren Menschen. Jeden Tag kamen Gruppen älterer Damen nach Unterschleißheim bei München, dem ältesten Flugfeld Europas, mit 250 D-Mark in der Hand (so viel kosteten 40 Minuten Fahrt) und sagten: »Ich wollte immer schon Zeppelin fahren, kann ich das hier machen?« Aber wir waren total ausverkauft, es tat uns leid. Irgendwie haben wir sie dann doch immer noch mitnehmen können ... Was für ein Glück, etwas in die Welt zu bringen, das man nicht mit raffinierten Marketingmethoden jemandem andrehen muss, sondern etwas, worum sich die Menschen reißen! Und was habe ich in den Monaten nicht alles gelernt! Das Glück des Gründens ist auch das des Lernens. Ich hatte als Geisteswissenschaftler ja gar keine Ahnung von Zeppelinen. Ich bin auch kein Pilot. Ich habe zum Beispiel gelernt, dass Luftschiffe immer genauso schwer oder leicht wie die Luft um sie herum sein müssen. Deswegen kann man den Motor auch abschalten, denn er wird nicht für den Auftrieb gebraucht. Dementsprechend muss man allerdings immer genau wissen, wie viel Lebendgewicht transportiert wird. Wir hatten zwölf Plätze in unserem *Skyship*. So stellten wir eine Waage neben den Eincheckschalter im historischen Zelt und baten:»Könnten Sie sich bitte mal wiegen?« Totale Fehleinschätzung der menschlichen Psyche! Sie wissen schon warum, vor allem bei den Frauen.»Das kann nicht sein, heut' früh waren das fünf Kilo weniger.« So viel Handtasche kann man gar nicht dabeihaben. Da mussten wir eine Viehwaage mieten, so eine ganz große, auf der zwölf Leute auf einmal gewogen werden konnten, um die persönliche Zuordenbarkeit des Gewichtes auszuschließen. Das als kleines Beispiel zur Lernkurve eines Gründers.

Welche Ergebnisse der Glücksforschung lassen sich auf eine solche Gründungserfahrung anwenden?

Arbeit macht glücklich, bei allen Triumphen und Rückschlägen, in allen Hochs und Tiefs, mit allen Unsicherheiten und Überraschungen. Nur Glück geht nicht, genauso wenig wie nur Schokolade essen oder nur im Sonnenuntergang küssen. Es hat etwas unendlich Befriedigendes, sich ein neues Gebiet zu erarbeiten, sich da mit aller Kraft hineinzustürzen und Tag und Nacht zu fiebern, ob man das hinkriegt. In der Welt der Zeppeline: ob der Wind zu böig ist für den Betrieb oder ob das Flugfeld entmint ist. Was wäre, wenn da irgendjemand den Riesennagel in die Erde schlüge, um das Luftschiff daran anzubinden, und auf eine Mine träfe? Oder noch ein Beispiel: Ich wollte eine Versicherung abschließen, damit ich immer noch ruhig schlafen könnte, wenn der Ministerpräsident im Luftschiff sitzt, dieses gegen den Fernsehturm in München knallt und auf das berühmte Olympiazelt fällt. Sie können sich vorstellen, wie die Prämienverhandlungen mit der Versicherung liefen.

Der Sinn des Lebens ist, ihn zu suchen. Sich selbst die Sinnhaftigkeit zu erarbeiten und diese dann wirklich genießen zu können. Ziele setzen! Glück funktioniert nicht ohne sie. Wir erreichen sie zwar relativ selten – von Lion Feuchtwanger kommt der schöne Satz: »Zurechtgedachtes wird vom Lebendigen zerkrümelt.« Aber ohne Ziele irren wir sinnlos durch Raum und Zeit. Deswegen müssen wir sie uns zumindest mal setzen – und dann schnell umdenken, wenn alles anders kommt. Ich merke bei jedem Team, das ich inzwischen unterstütze: Der Businessplan ist wichtig. Aber ich weiß, er wird so nicht funktionieren. Deswegen ist viel wichtiger für mich: das Team in all seiner Diversität dahinter anzuschauen, denn das muss in jeder neuen Situation schnell reagieren und sich neu ausrichten.

Und die letzte zeppelinbezogene Glückslektion: *Money follows passion.* Daran glaube ich zutiefst. Wenn ich nicht die Leidenschaft habe, funktioniert das Ganze nicht. Das Geld kommt, wenn ich wirklich überzeugt von einer Vision bin und daher überzeugend sein kann.

Die dritte Geschichte: 1997 fing ich an, nicht nur selbst zu gründen, sondern anderen eine Bühne zu bauen, ihnen ein

Trampolin hinzustellen, auf dem sie losspringen und selbst gründen können. Wir starteten mit der deutschen Konkurrenz zum gerade gegründeten Amazon: buecher.de. Das Unternehmen brachten wir 1999 an die Börse – mit einer umwerfenden Bewertung. Aber so richtig schwierig war das damals ja auch nicht. Spannend wurde es danach, ab März 2000, als der Gegenwind für Gründungskultur einsetzte. Da bin ich zu 17 Gründern gefahren, habe mit jedem (damals waren es wirklich nur Männer – das hat sich zum Glück verändert) zu Abend gegessen und gefragt: »Wenn alles schiefgeht, du nicht die richtigen Leute bekommst, dein Geld ausgeht und der Businessplan nicht funktioniert – wo wäre Hilfe wirklich sinnvoll und werthaltig für dich?« Auf der Grundlage dieser 17 Abendessen entwickelte ich ein System der *Five Orbits of Support*, mit dem wir jenseits all der heißen Luft um die Inkubatoren versuchten, Gründer nachhaltig zu unterstützen, ihnen wirtschaftliches und persönliches Wachstum zu ermöglichen und den Wert ihres Unternehmens nach oben zu bewegen. Der Anspruch war (und ist), Beteiligungen als Angel Investor zu einer um 15 Prozent günstigeren Bewertung zu bekommen als der nächstplatzierte Investor, denn unseren Wertbeitrag sahen wir mindestens dort angesiedelt (und wollten natürlich, dass die Gründer das auch sahen). Auf dieser Basis zeichneten wir verschiedene Beteiligungen – und das Bauen von Bühnen und Trampolinen für junge Unternehmer*innen wurde für mich in all den Jahren zu einem wichtigen Element des Glücks.

Wer das Privileg hat, Business Angel zu sein und junge Firmen zum Fliegen zu bringen, ihnen Türen zu öffnen oder Qualitätsstempel zu geben und mit strategischen Ideen ihren Umsatz zu verdoppeln, erfährt Glück auf vielfältige und überraschende Weise (abgesehen davon, dass er ein wenig zum Erfolg der dritten Gründerzeit in unserem Lande beiträgt).

Erste Referenz aus dem Handbuch des Glücks: »Glück braucht Freunde«. Ich glaube, dass es wichtig ist, dass in der Beziehung zu diesen jungen Gründerteams so etwas wie Freundschaft entsteht, dass man sich wirklich aufeinander verlassen kann, dass bei allem notwendigen kritischen Hinterfragen Vertrauen da ist, dass man sich nie in irgendeiner Weise allein fühlt.

Freundschaft bettet ein und federt ab. Sie bewahrt vor Kurzschlusshandlungen, bildet ein Netz der Fürsorge und Eingebundenheit und wird zu einem Alter Ego, das einen beschützt, manchmal auch vor sich selbst. Amokläufer haben keine Freunde.

Aristoteles verdanken wir den schönen Satz: »Freundschaft ist eine Seele in zwei Körpern.« Freundschaft ist Seelenverwandtschaft. Man kann über alles reden, sich offen kritisieren, ohne zu verletzen, und nimmt doch den anderen, wie er ist. Rollenspiel, Show und Fassade sind woanders. Man muss nichts beweisen und keinen beeindrucken. Freundschaft ist Aufforderung zum Selbstsein.

»Glück wohnt nicht im Tresor« ist eines der Schlüsselkapitel in »Langenscheidts Handbuch zum Glück«. Der Glanz des Seins hängt weniger am Glänzen der Münzen als an dem der Augen. Das Wesentliche im Leben lässt sich nicht kaufen, und ich bin mir sicher, dass viele sich intensiver erinnern an den Ring aus Kaugummipapier, den sie irgendwann an einem Strand an den Finger gesteckt bekamen, als an den noch so teuren Ring, den sie vielleicht später zum 10. Hochzeitstag erhielten. Die Beziehung zwischen Geld und Glück ist eine relativ komplexe. Natürlich ist das Kapital, das man in die jungen Unternehmen steckt, überlebensrelevant. Aber noch wichtiger sind die Seele und der Rat und das In-den-Arm-Nehmen und vieles mehr. Manchmal sind das durchaus elterliche Funktionen, die man hier übernimmt.

Da wären wir gleich beim nächsten Punkt: »Vater- und Mutterglück«. Ich bin fünffacher Vater, ein sehr leidenschaftlicher Vater. Ein Stück dieses Lebensgefühls hat man auch, wenn man einem 32-Jährigen wirklich helfen kann, seinen Traum zu verwirklichen. Und der dann fünf Jahre später dasteht und sagt: »Das gibt es jetzt in 27 Ländern.« In so einem Fall Hilfestellung gegeben zu haben ist etwas sehr Befriedigendes. Gemeinsam hinterlässt man eine Spur, schafft Chancen und Arbeitsplätze, hilft das Leben anderer bunter, sicherer, preiswerter oder angenehmer zu machen. Die wahren Helden der Jetztzeit sollten nicht nur Sportler*innen, Schauspieler*innen und Popstars sein, sondern Unternehmer*innen, die ihre Existenz aufs Spiel setzen und Tag und Nacht arbeiten, um so etwas in die Welt zu setzen.

Der letzte Gedanke hierzu: »Mut zum Glück. Auf dem Sterbebett ist es zu spät.« Ich glaube zutiefst, dass das Stück Risiko, das beim Gründen jede*r eingeht, nicht nur durch die *internal rate of return* belohnt wird. Es gibt eine wahnsinnig interessante Statistik, an die ich fünfmal pro Tag denke: 92 Prozent aller Sorgen, die wir uns vor einem mutigen Schritt machen – ob ich mich von jemand trennen oder jemandem meine Liebe gestehen möchte, ob ich meinen Job wechseln oder eben ein Unternehmen gründen will –, erweisen sich im Nachhinein als unbegründet. Es kommen andere Dinge hinzu, Probleme und Herausforderungen, an die ich vorher gar nicht gedacht habe. Aber 92 Prozent treten nicht ein! Gerade wir Deutschen neigen dazu, uns unendlich viele Gedanken darüber zu machen, was alles schiefgehen könne. Denken Sie daher lieber an die 92 Prozent! Mut wird vom Schicksal belohnt. Klingt esoterisch, ist aber wahr. Und wie gesagt: Auf dem Sterbebett ist es zu spät.

Es gibt so viele Menschen, die lebenslang signalisieren, eigentlich würde ich ein ganz anderes Leben haben wollen und hätte es auch verdient. Nach dem Motto »Mit 30 gestorben, mit 70 begraben«. Klar, was jetzt als Argument kommt: Die Umstände sind halt so. Stimmt. Aber nicht immer. Und wenn man genau in die Leben der Klagenden sieht, stellt man mit Freude und Erschrecken zugleich fest, wie vieles sich ändern ließe. Wenn sie nur wollen würden. Und den Mut hätten.

Es passiert so schnell, dass aus der leuchtenden Euphorie des Kindes die schale Anpassung des Erwachsenen wird. Wir richten uns so schnell ein in dem angeblich Notwendigen. Wir behaupten so unüberlegt, dass etwas nicht zu ändern sei.

Wer sich nicht traut, das Erträumte auszuprobieren, wird es nicht kennenlernen. Und das Leben, das er trotz anderer Wünsche und Vorstellungen lebt, wird im Schatten liegen. Da er immer wieder heimlich dorthin schielt, wo seine Sonne scheint.

Also hingehen, ausprobieren und merken, dass es auch dort nicht nur eitel Sonnenschein gibt. Aber es gelebt haben.

Und dabei geht es nicht einmal um jenen Mut, der Leben kosten kann. Wie im Krieg oder wenn jemand voller Zivilcourage sein Leben im Kampf für etwas Wichtiges aufs Spiel setzt. Beim Mut, glücklich und selbstbestimmt zu leben, geht es auch um den Glanz des Lebens, den ich aufs Spiel setze, wenn ich nicht mutig bin.

So, nun noch ganz kurz die vierte Gründungsgeschichte – mit folgendem Glücksfazit: Wir sind eigenartigerweise so veranlagt – das ist wahrscheinlich überlebenswichtig für die ganze Spezies Mensch –, dass wir am meisten für unser eigenes Glück tun, wenn wir uns primär um das Glück anderer kümmern. Das mögen Kinder sein, die alt gewordenen Eltern helfen, oder der Partner, Hilfsbedürftige, Schwache,

Kranke, denen wir etwas Gutes tun. Wer auch immer. Klar ist: Menschen, die immer nur an ihr eigenes Wohl denken, sind deutlich unglücklicher als jene, die immer für andere da sind.

Ich habe 1994 mit vielen großartigen Persönlichkeiten Children for a better World (kurz: CHILDREN) gegründet. Wir hatten die Empfindung, dass eine Welt, die sich um die Schwächsten und Schutzbedürftigsten nicht kümmert, keine menschliche sein könne. Wir hatten die Vision einer Welt, in der kein Kind unnötig stirbt und kein Kind gedemütigt oder schlecht behandelt wird. Die Umsetzung begann klein – mit einem Working Capital von 320.000 D-Mark. Daraus geworden sind über 40 Millionen Euro. Das mag für manche wenig sein, mich erfüllt es aber mit ein wenig Stolz, wenn ich mir klarmache, was wir mit jedem einzelnen Euro bewegen konnten. Wir konnten mit neuen und vielfach preisgekrönten Methoden Hunderttausende von Kindern in schwierigen Situationen stärken und ihr Leben substanziell verbessern. Wir ließen sie mitbestimmen und -entscheiden in Kinderbeiräten und prägten somit lebenslang ihre Biografie. Und wir prämierten soziales Engagement von Jugendlichen auf Schloss Bellevue bei »Jugend hilft!«, vermittelten zahllosen jungen Held*innen Geld, Know-how sowie Publizität und machten sie zu Vorbildern für andere.

Mehr tief empfundenes Glück mit Beimischung von Demut und Dankbarkeit geht aus Sicht der Gründer*innen von CHILDREN kaum…

Lieben ist auf die Dauer schöner, als geliebt werden, schenken schöner, als Geschenke zu bekommen. Von daher muss kein Pfarrer auf die Belohnung im Jenseits verweisen. Wir erhalten sie hier und heute durch die immense Befriedigung, aus dem begrenzten eigenen Kosmos zu treten und das große Ganze ins Visier zu nehmen.

Zum Abschluss: Im Rahmen der aktuellen Diskussionen um Social Business wird immer vom *double profit* gesprochen – vom finanziellen und vom gesellschaftlichen Gewinn. Wenn wir Revue passieren lassen, was ich alles sagte, kann man zu keinem anderen Schluss kommen, als dass zu gründen beziehungsweise anderen Gründer*innen zu helfen eine der beglückendsten Aktivitäten überhaupt ist – mit einem *multiple profit* ohnegleichen für das Individuum und die Gesellschaft. Wer das darf, kann nur zutiefst dankbar sein. Natürlich gibt es Stress und Sorgen, natürlich gibt es Gegenwind, aber die Chance, etwas Neues in die Welt zu setzen und sie damit vielleicht ein wenig zu verbessern, macht glücklich und demütig zugleich.

Ich danke meinen Vorfahren und meinen Eltern, meinen Kindern, Graf Zeppelin, den Gründer*innen, denen ich ein wenig helfen durfte, und den Mitgründer*innen von CHILDREN von ganzem Herzen! Und aktueller: all den 20 beeindruckenden Männern und Frauen, die für dieses Buch ihr persönliches Glück des Gründens beschrieben haben. Jede der Geschichten ist einzigartig und vorbildlich zugleich. Man/frau muss sich nur trauen...

Herzlichst,
Ihr
Florian Langenscheidt

1

Frei sein als
eigene*r Chef*in!

F reiheit.

Welch wundervolles Wort. Welch unbeschreibliches Gefühl.

Neben Gesundheit, Frieden und Liebe ist Freiheit wohl
eines der wichtigsten Elemente unseres Lebens. Für manche
ist sie sogar das Einzige, was zählt, wie es Marius Müller-
Westernhagen in seinem berühmten Lied »Freiheit« berüh-
rend besang.

Kein Wunder, bedeutet frei zu sein (vereinfacht gesehen),
dass wir tun können, was wir tun möchten, und nicht tun
müssen, was wir nicht tun wollen. Freiheit kennt weder
Fremdbestimmung noch Limitierungen. Sind wir frei, dürfen
wir uns aus den schier unendlichen Möglichkeiten selbstbestimmt für das entscheiden, was *uns* wichtig ist. Wir können
unseren freien Willen ausleben und ihn jederzeit ändern,
wenn uns danach ist. Zum Beispiel, wenn sich unsere Ansichten, Prioritäten oder Bedürfnisse ändern. Freiheit öffnet
uns nicht nur den Gestaltungsraum bis zum Horizont und
darüber hinaus. Sie beschenkt uns zudem mit unendlicher
Vielfalt und erlaubt uns sogar, jederzeit flexibel in unseren
Entscheidungen zu sein und zu ändern, was wir gerade
ändern wollen. Sooft wir wollen.

Wie unabdingbar Freiheit ist, merken wir leider oft erst, wenn wir sie nicht haben. Und dies kommt öfter vor, als wir es uns wünschen. Im Großen wie im Kleinen. In einzelnen Momenten wie im Alltag. Schließlich ist niemand zu jeder Zeit zu vollkommen frei. Wir alle sind eingebunden in bestehende Systeme, unterliegen unterschiedlichen Einschränkungen, Vorgaben, Gesetzen, gehen Kompromisse ein und nehmen (hoffentlich) Rücksicht auf die Freiheiten anderer. Den größten Teil und bestimmte elementare Bereiche unseres Lebens möchten wir jedoch jederzeit frei wählen können und sind nicht bereit, uns (zumindest dauerhaft) einzuschränken.

Wie frei leben Sie aktuell?

Wie würden Sie reagieren, wenn Ihnen jemand vorschreibt, was Sie wann anzuziehen haben? Oder wo Sie wohnen und wie Sie sich einrichten müssen, wen Sie lieben, wer zu Ihrem Freundeskreis gehört, was Sie in Ihrer Freizeit unternehmen, was Sie essen, trinken, sagen, denken…

Jede*r von uns hat ein eigenes Freiheitsempfinden und Lebensthemen, in denen man selbst die volle Entscheidungshoheit für sich beansprucht. Dies ist auch richtig und wichtig, schließlich sind wir alle individuelle Persönlichkeiten, die ihrem Inneren im Äußeren auch sichtbaren Ausdruck verleihen sollten. Unsere Andersartigkeit macht uns einzigartig. Aber nur, wenn wir uns unserer Freiheiten bewusst sind – und sie in unserem Sinne nutzen.

Für (zu) viele Menschen gibt es jedoch einen Ort, an dem sie ihre Freiheit für eine bestimmte Zeit von anderen einschränken lassen, sie teilweise sogar zu großen Teilen aufgeben: die Arbeit.

Derzeit arbeiten fast 45 Millionen Menschen in Deutschland als Angestellte*r, was nicht nur vollkommen in Ordnung, sondern auch für die Unternehmer*innen von elementarer Bedeutung ist. Ohne Mitarbeiter*innen funktioniert kein Unternehmen dieser Welt. Nur gehört es nun einmal zum Angestelltendasein dazu, dass man nicht selbstständig über all das entscheiden kann, was dem eigenen Gefühl von »Arbeitsfreiheit« entspricht.

Schließlich richtet sich kein*e Arbeitgeber*in nur nach dem, was die Arbeitnehmer*innen wollen. Natürlich gibt es von Unternehmensseite gewisse Vorgaben, was man als Angestellte*r zu tun hat, wie genau, womit, mit wem, für wen und so weiter.

Oft muss man sich ebenso nach vorhandenen Standards, Leitbildern und technischen wie organisatorischen Prozessen richten – ob sie einem gefallen oder nicht. Auch die direkte Führungskraft sowie die Mitarbeitenden kann man sich meist nicht aussuchen und auch nicht nach Belieben austauschen. Ebenso entscheidet man als Angestellte*r nur in seltenen Fällen darüber, wie lange man wann und wo arbeitet. Dabei würden viele Arbeitnehmer*innen sicherlich anders arbeiten, als sie es heute tun, wenn sie ihre Freiheiten vollkommen ausschöpfen könnten.

Nicht nur privat hat jede*r von uns andere Vorlieben, auch beruflich tickt jede*r anders. Manche*r arbeitet lieber früh morgens vor dem klassischen Arbeitsbeginn, andere sind erst spät abends wirklich leistungsfähig, wenn die Kolleg*innen schon im Feierabend sind, und wieder andere arbeiten liebend gern das Wochenende durch, wenn sie dafür unter der Woche zwei freie Tage genießen können. Jede*r würde sich in Sachen Arbeit anders entscheiden, entsprechend dem eigenen Biorhythmus, der individuellen Tages- und Lebensplanung sowie persönlicher Präferenzen.

Als Arbeitnehmer*in ist man jedoch nicht vollkommen frei und zudem immer in irgendeiner Art und Weise abhängig vom Willen und Wirken anderer, zum Beispiel den Entscheidungen der Chef*innen-Etage, internen Umstrukturierungen und vielem mehr.

Das alles ist natürlich nicht per se negativ, stehen diesen Freiheitseinschränkungen auch gute Dinge gegenüber, wie in jedem Fall ein regelmäßiges Gehalt, im besten Fall angenehme Arbeitsbedingungen, ein tolles Team, nette Führungskräfte und im Idealfall ein auf lange Sicht sicherer Arbeitsplatz, wobei dies natürlich kein Unternehmen garantieren kann. Schließlich ist die Welt an sich im steten Wandel und die Arbeitswelt sogar in einem rasanten und teilweise radikalen Veränderungsprozess, wie man bereits vielerorts miterleben und anderorts erahnen kann.

Übrigens nicht nur aufseiten von Unternehmen und Kund*innen. Auch die Anforderungen und Bereitschaften der Arbeitnehmer*innen verändern sich, da immer mehr Menschen mit ihrer Arbeit mehr verbinden (wollen) als ausschließlich Geldverdienen und Jobsicherheit. Seien es die Wünsche nach (mehr) Arbeitszeit im Homeoffice, nach flexibleren Arbeits- und Urlaubszeiten oder die große Frage nach dem Sinn des täglichen Tuns und beruflicher Erfüllung. Es wird immer offensichtlicher, dass Arbeitende vermehrt weder leben wollen, um (nach den Vorgaben anderer) zu arbeiten, noch (irgendetwas) arbeiten wollen, um sich dadurch das Leben leisten zu können. Selbstbestimmung und Flexibilität werden immer mehr zu tragenden Rollen, fußend auf dem unsichtbaren Fundament der Freiheit. Gut so, denn das eigene Bewusstsein darüber, auf welche Freiheiten man grundsätzlich und auf welche man speziell bei der Arbeit besonderen Wert legt, entscheidet maßgeblich mit über unser berufliches Glück.

Wie viel »Arbeitsfreiheit« hätten Sie gern?

Haben Sie Lust auf ein kurzes Gedankenexperiment? Wagen Sie den Versuch, Ihre Arbeitszeit mit größtmöglicher Freiheit zu erfüllen?

Wie wäre es, wenn Sie nicht nur frei und freudig über Ihre Freizeit bestimmen könnten, sondern auch über Ihre Arbeitszeit? Schließlich macht sie für die meisten von uns (zumindest zwischen 25 und 65) fast ein Drittel unseres Lebens aus. Viel Zeit also, in der es sich durchaus lohnt, so frei und glücklich wie möglich zu sein, oder?

Stellen Sie sich vor, es gäbe keinerlei Vorgaben hinsichtlich Ihres möglichen beruflichen Betätigungsfeldes und ebenso wären Grenzen wie Geld, berufliche Qualifikation oder das realistisch Machbare ausgeblendet.

Was würden Sie beruflich tun, wenn Sie vollkommen frei wären und alle Möglichkeiten zur Verfügung hätten, die Sie sich wünschen?

Eine große Frage und spontan für die meisten sicher schwer zu beantworten, verknüpfen wir das Thema unserer Arbeit beziehungsweise Berufsentscheidung aus erlernter Gewohnheit oftmals mit drei Dingen:

1. Geld
Natürlich brauchen wir Geld, da wir von irgendetwas leben müssen. Stimmt, aber leider grenzt dieser Pflock, wenn wir ihn bei einer bestimmten Summe einschlagen, unseren Freiraum entscheidend ein. Wir können uns mit unserer Berufswahl dann nur im finanziell vorgegebenen Radius bewegen, auch wenn das, was wir wirklich wollen, außerhalb dessen liegt.

2. Qualifikationen
Selbstverständlich können wir nur das beruflich machen, was wir können, beziehungsweise wozu wir die entsprechenden

Noten, Abschlüsse oder Ausbildungen vorweisen können – denken wir zumindest oft. Dies alles mag helfen, muss aber nicht zwangsläufig ein Ausschlusskriterium sein, da wir lebenslang lernfähig sind (wenn wir es denn wollen).

3. Möglichkeiten

Was bringt es uns, wenn wir am liebsten Maler*in oder Controller*in wären, es in unserer Umgebung aber kein passendes Unternehmen oder keine freie Stelle gibt? Natürlich können wir unseren Beruf vom aktuellen Angebot da draußen abhängig machen, müssen wir aber nicht. Es ist viel mehr möglich, als man auf den ersten Blick auf das Berufliche sieht, wenn man selbigen öffnet und sich freie Sicht verschafft.

Geld. Qualifikationen. Möglichkeiten. Wir sind es gewohnt, uns am Außen zu orientieren und dann das zu nehmen, was (im Idealfall am besten) zu uns passt. Das kann man so machen, es geht aber auch anders. Nehmen wir uns doch einfach die Freiheit, nicht nur im Außen zu prüfen, was geht und was nicht geht, sondern nach innen zu blicken und uns zu fragen, was wir wollen und was nicht.

Was schlummert in Ihnen und will gelebt werden?

Was sind Ihre Talente? Wie muss der Raum aussehen, damit Sie Ihre herausragenden Fähigkeiten bestmöglich ausleben können?

Was sind Ihre Leidenschaften? Was brauchen Sie, damit Sie Ihren Herzensthemen so oft wie möglich und voller Freude nachgehen können?

Und wie müsste ein Beruf aussehen, der Ihre Talente *und* Ihre Leidenschaften kombiniert, in dem Sie also all das ausleben können, was Sie wirklich gut können und lieben?

Spannend und gar nicht so leicht zu beantworten, oder? Dabei sind es gerade diese nach innen gerichteten Fragen, die uns zeigen, wie frei wir heute sind und wie viel freier wir zukünftig sein könnten, wenn wir auch beruflich den größtmöglichen Freiheitsgrad erreichen wollen. Auch frei sein will gelernt sein, setzt es voraus, dass wir wissen, was wir wirklich können und wollen, und dass wir es aktiv und selbstbestimmt in die Tat umsetzen. Und zwar trotz vorhandener Grenzen wie prägender Erfahrungen, Sorgen, finanzieller Notwendigkeiten oder gewünschter Sicherheit. Sie ist es übrigens oftmals, die sich unserem natürlichen Freiheitsdrang in den Weg stellt, da viele Menschen glauben, Freiheit wäre mit Unsicherheit gleichzusetzen. Schließlich kann, wenn alles möglich ist, gleichzeitig nichts sicher sein. Aber was wäre, wenn dies ein Irrglaube ist? Wenn sich Freiheit und Sicherheit nicht ausschließen, sondern nur eine Frage der Balance sind? Und der eigenen Definition?

Was bedeutet Sicherheit in Bezug auf Ihre Arbeit für Sie?

Die Antworten der meisten Menschen würden sicherlich von zwei Themen dominiert werden: einem regelmäßigen auskömmlichen Gehalt und einem sicheren Arbeitsplatz. Diese Klassiker sind wohl der Inbegriff von beruflicher Sicherheit. Doch was wäre, wenn man Ihnen beides garantieren würde (sogar bis zu Ihrer Rente), aber wenn Sie dafür etwas tun müssten, was Sie *nicht* wollen? Oder wenn Sie dafür in einem Unternehmen arbeiten müssten, hinter dessen Werten und Produkten Sie nicht stehen? In einem Team, in dem man gegeneinander arbeitet? Unter einer cholerischen Führungskraft? Unter unangenehmen Arbeitsbedingungen?

Auf die Frage »Würden Sie Ihren aktuellen Job auch dann noch ausüben, wenn Sie es finanziell nicht müssten?« antwortet die Mehrheit bei Umfragen regelmäßig mit einem »Nein«. Dies mag an den vorgenannten Negativbeispielen liegen oder auch daran, dass es etwas anderes gibt, dem man viel lieber nachgehen würde als der jetzigen Arbeit. Zum Beispiel geliebten Hobbys oder Traumberufen oder man würde gern Talente verwirklichen, von denen man meint, damit nicht ausreichend Geld zum Leben verdienen zu können, wie zum Beispiel Schriftsteller*in, Sozialarbeiter*in, Schmuckdesigner*in, Musiker*in, Kindergärtner*in, Tierpfleger*in…

Es gibt unzählige spannende Tätigkeiten und Berufe, bei denen man das eigene Glück und die eigene Berufung finden kann. Bevor man sich allerdings des Geldes wegen dagegen entscheidet, sollte man sich fragen: *Wie viel meiner Lebenszeit bin ich bereit, an andere zu verkaufen? Zu welchem Preis? Und was bin ich bereit, dafür zu tun und vielleicht zu erdulden? Wie viel Freiheit gebe ich wofür auf?*

Was sich viele nicht bewusst machen: Wenn wir als Angestellte*r arbeiten, verkaufen wir jemand anderem einen Teil unserer Lebenszeit, über die wir grundsätzlich frei verfügen können. Wir tauschen unsere Zeit über zu leistende Arbeit in Geld um. Was aber, wenn uns das nicht glücklich macht oder sogar belastet – körperlich, geistig, seelisch? In diesem Fall bekommen wir nur eines mit Sicherheit: Bauchschmerzen.

Wie viel ist Ihnen Ihre Lebenszeit wert?

Nehmen Sie spaßeshalber Ihren aktuellen Netto-Stundenlohn (oder einen fiktiven, möglichst realistischen) und fragen sich, ob Sie zum gleichen Preis auch bereit wären, eine Stunde

Ihrer Freizeit zu opfern, um in der verkauften Zeit etwas für andere zu tun, das Sie nicht tun wollen?

Im Unterschied zu unserer Arbeit wägen wir in unserer Freizeit spannenderweise sehr bewusst ab, was wir mit unserer Zeit tun, weil den meisten Menschen ihre freie Zeit heilig ist. Warum messen wir nicht auch unserer Arbeitszeit den Wert bei, der ihr gebührt, und erlauben uns auch hier den größtmöglichen Grad an Selbstbestimmung und Freiheit? Man muss seine Freiheit nicht zwangsläufig aufgeben und an andere verkaufen, damit man genügend Geld verdienen kann. Nicht Geld ist die wahre Freiheit. Zeit ist Freiheit. Und wir haben die Freiheit, über unsere Zeit zu bestimmen. Benjamin Franklin fasste diese Erkenntnis wunderbar zusammen: »Wenn die Zeit das Kostbarste unter allem ist, ist Zeitverschwendung die allergrößte Verschwendung.«

Das Bewusstsein, dass Zeit – und damit auch die Arbeitszeit – unser höchstes Gut ist, ändert alles. Gerade weil die Zeit für uns auf Erden limitiert ist und wir nicht wissen, wie viel wir davon genau haben, sollten wir unsere Lebenszeit nutzen. Geben wir uns nicht damit zufrieden, ein knappes Drittel unseres Lebens mit etwas zu verbringen, bei dem wir uns nicht frei ausleben und wir selbst sein können.

Und: Wer sagt denn, dass man zwangsläufig weniger (oder kein) Geld verdient, wenn man vollkommen frei ist? Vielleicht ist ja genau das Gegenteil der Fall und man verdient erst dann viel Geld, wenn man sich mit und bei seiner Arbeit frei ausleben kann!?

Würden Sie 40 Jahre neben jemandem schlafen, den Sie nicht lieben? Oder eine Beziehung führen, in der Sie Ihr*e Partner*in daran hindern, so zu sein, wie Sie wirklich sind?

Spielen wir lieber nicht »Gute Zeiten, schlechte Zeiten«, indem unsere gute Zeit mit dem Arbeitsbeginn endet und erst wieder mit dem Arbeitsende beginnt. Nicht nur wir machen etwas mit unserer Arbeit. Unsere Arbeit macht auch etwas mit uns. Wer immer unzufrieden nach Hause kommt, wird eher früher als später negative Auswirkungen feststellen: auf die Partnerschaft, das Umfeld, die Gesundheit. Wir sind nicht dafür gemacht, unfrei und fremdbestimmt zu leben, weil es uns unglücklich macht. Trotzdem ertragen wir es viel zu oft und sind bereit, auf vieles zu verzichten, was uns ausmacht. Viele von uns sind Meister im Ertragen geworden und bleiben im ungeliebten Job wie in einer unerfüllten Beziehung, weil man hier weiß, was man hat (auch, wenn's einem nicht gefällt), und nicht weiß, was kommen könnte. Aber was bringt uns eine Partnerschaft, in der die Liebe fehlt, in der wir uns nicht wirklich wohlfühlen? Und was bringt uns eine Arbeit, in der wir nicht frei und wir selbst sein können, die nicht unser wirkliches berufliches Zuhause ist?

Machen wir unsere Arbeit doch auch zur Freiheitszone, denn:

Es gibt eine Alternative zum Angestelltendasein!

Sie können sich selbstständig machen oder ein eigenes Unternehmen gründen, mit dem Sie auskömmlich Geld verdienen, sich eine eigene Sicherheit erarbeiten und selbstbestimmt in Freiheit arbeiten können. Als Selbstständige*r oder Unternehmer*in können Sie Freiheit und Sicherheit sogar miteinander verbinden, indem Sie sich Ihren eigenen Handlungsrahmen stecken, der Ihnen ausreichend Freiraum für Kreativität und zugleich sichernde Grenzen bietet. Unternehmer*innentum bietet ein Füllhorn an Möglichkeiten und Freiraum für ein erfülltes Arbeitsleben, indem es beide der existierenden Motivationsfaktoren vollends berücksichtigt: *Das Hin-zu und das Von-weg.*

Als Gründer*in Ihrer eigenen Selbstständigkeit oder Ihres eigenen Unternehmens kommen Sie zuerst einmal weg davon, das zu tun, was andere Ihnen sagen. Nicht tun zu müssen, was man nicht möchte, ist schon einmal eine immens wichtige Basis für ein erfülltes Arbeitsleben. Den Kick verleiht aber das Hin-zu.

Sie kommen durch die Selbstständigkeit beziehungsweise Unternehmer*innentum vor allem dorthin, *wo Sie hinwollen*, weil Sie frei und selbstbestimmt arbeiten und gestalten können. Die Freiheit als Gründer*in bietet Ihnen die einmalige Chance, sich Ihre Arbeitswelt selbst zu kreieren, in der Sie wirken wollen. Und zwar genauso, *wie Sie* es haben wollen. Wie in Ihrem Zuhause, in dem Sie über die Zimmereinteilung, Wandfarben, Einrichtung, Dekoration, Mitbewohner*innen... selbst bestimmen.

Als Gründer*in schaffen Sie sich einen eigenen (Berufs-) Raum und holen sich Ihr (Arbeits-)Glück dort hinein. In diesem eigenen »Arbeitsglücksraum« können Sie tun, was *Sie* wollen. Sie bestimmen Ihre Tätigkeiten, die Art und Weise Ihrer Arbeit, den Ort, die Rahmenbedingungen und vieles andere mehr, wie Sie in den folgenden Kapiteln erfahren werden.

Sie können Ihr Unternehmen und alles, was Sie damit anstellen möchten, aus sich selbst heraus entstehen, wachsen lassen und sich dadurch selbst entfalten. Wenn Sie dies leben und dem folgen, was in Ihnen ist, führen alle Wege über kurz oder lang zum Unternehmens- und Unternehmer*innen-Glück und zu einer erfüllten (Arbeits-)Zeit.

Steve Jobs, einer der bekanntesten, erfolgreichsten und wohl meistgeschätzten Gründer unserer Zeit hat sehr emotional zusammengefasst, warum wir unsere Selbstbestimmung und Freiheit auch beruflich ausleben sollten:

»Ihre Zeit ist begrenzt, also verschwenden Sie sie nicht damit, das Leben eines anderen zu leben. Lassen Sie nicht zu, dass die Meinungen anderer Ihre innere Stimme ersticken.

Am wichtigsten ist es, dass Sie den Mut haben, Ihrem Herzen und Ihrer Intuition zu folgen. Alles andere ist nebensächlich.«

Sie wurden als freier Mensch geboren. Geben Sie Ihre Freiheit nicht für etwas auf, das Sie nicht lieben und bei dem Sie nicht sein können, wer Sie sind. Etwas Eigenes zu Gründen ist ein ganz natürlicher Schritt, Ihr Leben auch beruflich so zu leben, wie Sie es sich vorstellen. Als Ihr*e eigene*r Chef*in sind Sie in Ihrem Element und zudem unverzichtbar und unkündbar. Und dies wiederum ist vor allem eines: unbezahlbar.

»Ja, aber…«

Manches klingt wunderbar, scheint beim Blick auf die Praxis jedoch unmöglich umsetzbar zu sein. Vielleicht fragen Sie sich jetzt Dinge wie:

»Wie soll ich meine Freiheit nutzen, wenn ich gar nicht weiß, was alles möglich ist? Schließlich lernt man in der Schule nichts über Selbstständigkeit und Unternehmertum.«

Oder: *»Was hilft es mir, selbst bestimmen zu können, wenn ich gar nicht weiß, was richtig ist und was falsch? Dann treffe ich nur schlechte Entscheidungen und stürze mich selbst ins Unglück.«*

Es stimmt: Gründer*innen sind, zumindest bei ihrer ersten Gründung, naturgemäß unternehmerisch unerfahren und ohne Navigationssystem für Erfolge unterwegs. Dafür haben sie etwas anderes an Bord, das viel entscheidender für den Erfolg ist: die wahre innere Freiheit und Selbstständigkeit. Auch, wenn Sie es (noch) nicht glauben: Fast alle Gründer*innen staunen darüber, was sie alles können, von dem sie bisher nichts wussten. Es ist erstaunlich, wozu wir imstande sind, wenn wir wirklich frei arbeiten und unsere Fähigkeiten, Talente und Neigungen vollkommen ausleben können. Auch Sie können garantiert noch viel mehr als das, was Sie jetzt denken, und werden täglich weiterwachsen (auch über sich hinaus). In Ihnen steckt mehr als das, was Sie bis heute schon gezeigt haben oder was man von außen sehen kann.

Haben Sie Zutrauen in sich selbst. Sie sind der wichtigste Mensch in Ihrem Leben und verdienen es, dass Sie sich selbst das 100-prozentige Vertrauen aussprechen. Trauen Sie sich hinein in Ihre berufliche Freiheit, in der Sie selbst Ihre Arbeit bestimmen. Wer könnte dies besser als Sie!?

Vom Glück des Gründens

Ein Gastbeitrag von Anna Alex

Es gibt ganz unterschiedliche Gründe, warum Menschen gründen. Die einen haben eine innovative Idee und möchten diese zum Leben erwecken. Andere möchten nicht als Angestellte ihren Arbeitsalltag fremdbestimmen lassen und werden daher ihr*e eigene*r Chef*in. Wieder andere möchten einen Impact schaffen und dieser Welt etwas Sinnvolles hinterlassen. Bevor ich mich der Frage widme, warum Gründen mich glücklich macht, möchte ich mich kurz vorstellen. Mein Name ist Anna Alex; und ich bin Climate-Tech-Gründerin aus Berlin. Mit meiner Firma Planetly wollen wir Nachhaltigkeit skalierbar machen. Planetly ist allerdings schon meine zweite Firma. Zuvor habe ich bereits Outfittery gegründet. Damit gelte ich als Seriengründerin. Und allein die Tatsache, dass ich mit Planetly aktuell mein zweites Unternehmen aufbaue, zeigt doch schon: Ich bin von Herzen Gründerin.

Mich macht es glücklich, wenn ich etwas von Grund auf aufbauen kann. Ich fange auf der sprichwörtlichen grünen Wiese an, und es entsteht etwas Neues, das vorher nicht da war. Zu sehen, dass ich etwas erschaffen und andere Menschen dafür begeistern kann, gemeinsam mit mir an diesem Unternehmen zu arbeiten, es wachsen zu lassen, das ist unglaublich erfüllend. Wenn ich dann gleichzeitig ein Unternehmen aufbauen kann, dem ein Purpose zugrunde liegt, macht mich das noch glücklicher. Mit meinem Unternehmen widmen wir uns der größten Krise unserer Zeit, der Klimakrise. Die Tatsache, dass ich mit meiner Arbeit jeden Tag aktiv etwas dazu beitragen kann, die Klimakrise zu bekämpfen, ist ein unbeschreibliches Gefühl. Wenn ich mir vorstelle, dass ich mit 80 Jahren auf mein Leben zurückblicke, dann möchte ich etwas Wertvolles erschaffen haben. Und ich bin mir sicher, dass wenn es mir mit Planetly gelingt, unsere Vision einer klimaneutralen Wirtschaft zu erfüllen, dass ich dies mit gutem Gewissen sagen kann. Glück bedeutet für mich aber auch, dass ich etwas erleben möchte im Leben. Und jede*r, der schon mal ein Unternehmen gegründet hat, wird mir zustimmen: Als Gründer*in erlebst du jeden Tag etwas Neues. Kaum ist eine Herausforderung bewältigt, kommt die nächste um die Ecke. Und jede Hürde, die du als Gründer*in überwindest, lässt dein Unternehmen und dich weiterwachsen.

Über die Gastautorin

Anna Alex, Jahrgang 1984, ist Gründerin und Chief Customer Officer (CCO) des Climate-Tech-Unternehmens Planetly sowie Beiratsmitglied des von ihr 2012 gegründeten Personal Shopping Service Outfittery. 2019 trat sie der Klimaschutzinitiative »Leaders for Climate Action« bei, die von mehr als 100 digitalen Unternehmer*innen in Deutschland ins Leben gerufen wurde. Anna Alex studierte Wirtschaftswissenschaften, Soziologie und Psychologie in Freiburg und Paris und begann ihre Karriere im Start-up-Inkubator Rocket Internet. Sie wurde zu Europas *Inspiring Fifty*, den inspirierendsten Frauen in der Technik, gewählt und gehört zu »Junge Elite – Top 40 unter 40«. Anna Alex ist Co-Autorin des Spiegel-Bestsellers »Zukunftsrepublik«.

*»Ob du denkst,
du kannst es oder du kannst es nicht;
du wirst auf jeden Fall recht behalten.«*

Henry Ford

2

Selbst entscheiden können

Kennen Sie das: Sie werfen einen Blick auf die Leben anderer Menschen und denken sich: »Also ich hätte das anders gemacht.« Oder Sie bedenken Entscheidungen aus der Chef*innen-Etage mit: »Hätte ich anders entschieden.« In beiden Fällen meinen Sie statt *anders* in Wahrheit *besser*. Und daran ist per se nichts schlimm.

Die meisten Menschen denken, dass sie ein besseres Ergebnis mit ihren Entscheidungen oder Taten erzielt hätten, wenn sie die Entscheidungen oder Taten anderer beurteilen. Deswegen haben wir ja Millionen Bundestrainer*innen und Bundeskanzler*innen in unserem Land, die bei den Themen, die sie diskutieren, nur leider nichts zu entscheiden haben. Oder legt Ihr Nachbar die Aufstellung der deutschen Fußballnationalmannschaft beim nächsten Spiel fest und erlässt Ihre Arbeitskollegin ein neues Gesetz?

Leider werden wir oft nicht gefragt, was wir bei zu treffenden Entscheidungen für richtig halten. Unsere Meinungen haben nicht nur im Sport oder in der Politik keinerlei Auswirkungen. Auch im Beruf sind wir oftmals nur die Empfänger*innen von Entscheidungen und Anordnungen anderer.

Hierbei hört man entweder gar nicht auf unsere Meinung und entscheidet einfach über unseren Kopf hinweg, als würde es diesen gar nicht geben. Oder wir werden zwar angehört, aber auf das Ergebnis hat dies keinen Einfluss. Würden die so getroffenen Entscheidungen zu unserem Vorteil ausfallen, wäre dies ja unproblematisch. Schwierig wird es jedoch, wenn Entscheidungen anderer konkrete negative Auswirkungen auf unser (berufliches) Leben haben. Sei es im Alltäglichen, zum Beispiel in der Ausgestaltung unserer Arbeit, oder im Grundsätzlichen, wie der Länge unserer Arbeitszeit oder der Höhe unseres Gehalts.

Angestellte müssen oftmals nehmen, was andere ihnen zu geben bereit sind. Und dies in vielerlei Hinsicht. Als Angestellte*r liegen manche (wichtige) Entscheidungen nicht in unseren Händen und können jederzeit zu unserem Nachteil getroffen werden. Als Gründer*in hingegen haben wir das, wovon Angestellte nur träumen können: die komplette Entscheidungsmacht. Und zwar nicht nur über uns selbst, sondern auch über unsere Arbeit, die Arbeit anderer, das gesamte Unternehmen.

Was ist das Wertvolle am selbstständigen Entscheiden?

Wenn wir frei entscheiden können, sind wir zu 100 Prozent selbstbestimmt, weil uns niemand von unserem eigenen Willen abbringen kann. Wir haben alles im Griff, unter Kontrolle und können uns sicher sein, dass nichts über unseren Kopf hinweg entschieden wird. Das Heft des Handelns liegt nur in der eigenen Hand, und wir allein füllen es mit dem, was wir wollen.

Als Gründer*innen genießen wir ein Höchstmaß an beruflicher Unabhängigkeit und geben als unser*e eigene*r Kapitän*in vor, über welche Ozeane (Märkte) wir segeln wollen, wie unser Schiff (Unternehmen) aussehen soll, wohin es genau steuert (Ziele) und wer an Bord was tut (Mitarbeiter*innen).

Doch nicht nur über die grundsätzliche Richtung des Unternehmens oder die ganz großen Themen entscheiden wir Gründer*innen selbstständig. Unser Einfluss reicht von den Produkten beziehungsweise Dienstleistungen, die angeboten werden, über die Art und Weise der Außendarstellung bis zu Bürogestaltung, Meldung am Telefon und vielen weiteren Themen. Ob Kleinigkeiten, scheinbare Belanglosigkeiten oder wichtige Fragen: Immer dann, wenn die Frage »Was jetzt?« zu beantworten ist, sind wir Gründer*innen in der Pflicht und dürfen festlegen, wie's weiterläuft.

A, B, C oder etwas ganz anderes?

Dies bedeutet nicht, dass wir auf uns allein gestellt sind. Wir genießen die Freiheit, selbst zu entscheiden, wie wir am besten zu unserer Entscheidungsfindung gelangen. Wir legen selbst fest, ob wir uns Ratgeber*innen suchen (und wenn ja, welche), aus welchen Quellen wir unsere Informationen holen, die wir zur Entscheidungsfindung brauchen, welche Kriterien wir hierfür zugrunde legen, welche davon die wichtigsten sind und, und, und. Wir entscheiden alles, was wir für unsere Entscheidung brauchen. Welch ein Segen, oder?

Was Entscheidungen emotional in uns auslösen

Wie viele Entscheidungen wir in einem Unternehmer*innen-Leben treffen, weiß niemand. Es werden wohl Hunderttausende sein. Die sicherlich schönste, weil erste und wichtigste Entscheidung ist die, überhaupt zu gründen. Ohne sie kann kein Unternehmen dieser Welt entstehen, und allein sie setzt etwas in Gang, das man nicht beschreiben kann, sondern erleben muss.

Freiheit. Unabhängigkeit. Vorfreude. Stolz. Glück. Wer sich entscheidet zu gründen, taucht ein in ein unvergleichliches Bad an *good vibrations*. Was diese eine Entscheidung in Bewegung setzt, ist schlicht und ergreifend atemberaubend. Zum einen ergreift uns Gründer*innen das Gefühl der Befreiung, der eigenen Unabhängigkeit. Zum anderen ist bereits ganz zu Beginn, wenn meist noch nichts Greifbares existiert, die Entdeckungslust zu spüren, unsere neue (Arbeits-)Welt zu erkunden, sie aktiv zu gestalten.

Doch noch etwas setzen wir mit unserer Gründungsentscheidung in Gang: ungeahnte Kräfte, die bisher oftmals unbemerkt in uns schlummerten und jetzt endlich freigelassen werden, um wirken und etwas bewirken zu können. Wir Gründer*innen kommen schon früh in unserem Unternehmertum in den Genuss, uns selbst immer ein Stück vollkommener wahrnehmen zu dürfen. Mit jeder neuen getroffenen Entscheidung machen wir selbst unser eigenes Berufsbild klarer, setzen uns stützende Rahmen und füllen die vorhandenen Räume so aus, wie wir es uns vorstellen.

Freie selbstbestimmte Entscheidungen machen unser Arbeitsleben zu unserem persönlichen Glücksort und halten uns lebendig, weil es mit jeder Entscheidung sicht- und spürbar vorangeht. Hierdurch wächst unser Spaß am Entscheiden und aufgrund unzähliger Lernerfahrungen auch unsere Überzeugung, mit der Zeit immer bessere Entscheidungen treffen zu können. Dies alles lässt ein unbeschreibliches Gefühl in uns wachsen: Wir sind wertvoll, weil wir den Unterschied ausmachen.

Was es bedeutet, Hauptentscheider*in zu sein

Als finale*r Entscheidungsträger*in sind wir die Person, bei der alles zusammen- und von der aus alles weiterläuft. Mit dem, was wir entscheiden, sorgen wir für Klarheit und Orientierung – für andere, aber auch für uns selbst. Wir werden zum Fixpunkt und zum*r gefragten Wegweiser*in, dessen Urteilsvermögen anderen Halt geben kann, weil sie uns und unseren Entscheidungen vertrauen. Unsere eigene Wichtigkeit für andere, selbst wenn dieser Status für uns persönlich nicht wichtig ist, zeigt sich oft erst, wenn wir Mitarbeiter*innen einstellen, die Entscheidungen von uns einfordern.

Das Gefühl, dass ohne uns nichts läuft oder es mit uns besser läuft, schenkt uns nicht nur Selbstbewusstsein oder im besten Fall auch eine Würdigung unserer Kompetenz. Es gewährt uns auch den Überblick über alle relevanten Themen unseres Unternehmens. Dadurch, dass wir die endgültigen Entscheidungen treffen, sind wir in alles eingebunden und bekommen nicht nur alles Relevante mit, sondern bestimmen es auch mit.

Wir sind diejenigen, die gefragt werden, wo's langgeht, was wie getan werden soll, und dürfen uns über das wachsende Ver- und Zutrauen unserer Mitarbeiter*innen freuen, wenn die Saat unserer Entscheidungen in Form guter Ergebnisse aufgeht. So werden wir immer mehr zum*r anerkannten Reiseführer*in, hinter dem*r sich alle versammeln können und der*die alle in die richtige Richtung führt. Optimalerweise auf der bestmöglichen Route, herum um Unangenehmes, Fehlerquellen, Schaden.

Unsere Rolle als Wegweiser*in führt uns natürlich auch immer wieder an Scheidewege, an denen mehrere Möglichkeiten bestehen, wie's oder wo's weitergeht. Manche Menschen haben mit dem Scheiden zwar ihre Erfahrungen, aber nicht besonders gute, wenn es um private Beziehungen geht, die getrennt werden. Unternehmerische Entscheidungen hingegen sind immer positiv, weil sie dazu führen, dass wir nicht stehen bleiben und verharren, sondern vorangehen und lernen. Denn selbst wenn sich beim Gehen in die entschiedene Richtung zeigt, dass diese nicht die beste Wahl gewesen ist, können wir sie meist korrigieren und sind selbst durch diese vermeintlich falsche Entscheidung vorangekommen auf unserem Weg.

Etwas – wie auch immer – zu entscheiden ist immer besser, als sich gar nicht zu entscheiden. In diesem Fall sitzt man im Wartezimmer des Lebens und lässt andere die Entscheidungen für sich treffen. Das Schlimmste in allen Dingen ist die Unentschlossenheit, meinte schon Napoleon Bonaparte. Als Gründer*innen wissen wir nur zu gut, wie recht er damit hat und wie schön es im doppelten Wortsinn ist, entscheiden zu können.

Das besondere Privileg hieran ist, dass wir selbst immer wieder neu justieren können, ob das, was wir einmal entschieden haben, noch so passt – fürs Unternehmen und für uns. Denn im Gegensatz zum*r Angestellten, der*die das Privatleben der Arbeit anpassen muss, können Gründer*innen genau andersherum vorgehen. Ändert sich in ihrem Leben etwas in der Partnerschaft, Familie, im Freundeskreis, der eigenen Freizeitgestaltung, können sie in ihrem Unternehmen die Entscheidungen treffen, die für sie nötig sind. Somit besitzt diese Entscheidungskompetenz auch einen wundervollen Glückshebel für das eigene Privatleben. Praktisch, oder?

Die persönlichen Mehrwerte für uns als Privatpersonen

Aber nicht nur die durch Unternehmer*innentum mögliche (Privat-)Freiheit wirkt sich positiv auf uns als Mensch aus. Zudem wachsen wir an und mit jeder neuen getroffenen Entscheidung, weil wir uns mit ihr verbinden und auch die Konsequenzen tragen, die mit ihr verbunden sind. Entscheiden bedeutet auch, verantwortlich zu sein, sprich, Antworten (Lösungen) zu finden auf drängende Fragen oder Probleme.

Entscheidungen bringen uns in eine neue Dimension der Ernsthaftigkeit, weil alles, was wir entscheiden, auch Auswirkungen auf andere Menschen haben kann. Dieses wachsende Bewusstsein macht uns größer, stärker, weil wir es uns nicht immer leicht machen, uns für das aus unserer Sicht Richtige zu entscheiden, für die beste Möglichkeit.

Jede*r Gründer*in kennt es, gerade bei schwierigen Entscheidungen auch mal länger aufzubleiben, weil das Abwägen der Wahrscheinlichkeiten manchmal kein Ende zu nehmen scheint.

Was passiert, wenn ich mich für A entscheide? Was bei B, C, Z? Gibt es noch eine Lösung außerhalb des Alphabets, an die ich noch nicht gedacht habe?

Als Entscheider*in genießen wir das große Glück des Abwägens und Zweifelns. Was sich die wenigsten im privaten Umfeld wünschen würden, ist für uns eine unumgängliche Aufgabe. In 99,9 Prozent aller Fälle stellt sich nämlich *nicht* die Frage, ob hierzu eine Entscheidung notwendig ist, sondern nur, *welche*. Als Gründer*innen lernen wir, dass wir als Rangierbahnhof fungieren, auf dessen drehbarem Mittelkreis eine Aufgabe liegt und wir entscheiden, auf welchem Weg es für sie weitergeht.

Hierfür wägen wir meist viele verschiedene Möglichkeiten ab, entscheiden uns für eine, zweifeln sogleich an ihr, überdenken, verwerfen sie und denken von Neuem. Durch diese meist umfangreichen Denkprozesse erweitern wir unbewusst unsere Kompetenz, weil wir uns in oftmals unbekannte Themen eindenken oder einlesen müssen, um überhaupt etwas entscheiden zu können. Unsere Denk- und Handlungsperspektive vergrößert sich somit, und wir gewinnen zunehmend eine immer stärkere Lösungsorientierung, weil wir in Alternativen denken und Aufgaben aus verschiedenen Perspektiven betrachten können. Hierdurch können wir zunehmend auch komplexere Entscheidungen treffen, weil wir auch lernen, Auswirkungen besser einzuschätzen. Die direkten wie die indirekten, die kurz- wie die langfristigen.

Je aktiver wir unseren Entscheidungs-Rangierbahnhof nutzen, desto schneller und besser werden wir hierbei. Nicht selten kommen uns Entscheidungen, die wir so oder so ähnlich schon einmal treffen mussten, vor wie ein Kinderspiel, weil wir sie mit dem gewonnenen Abstand und den neuen Erfahrungen einfacher lösen können als beim ersten Mal. Und auch komplexer wirkende Aufgaben verlieren ihren Schrecken, weil wir mit der Zeit und jeder neuen Entscheidung unseren Handlungsspielraum vergrößert haben und selbst Kompliziertes besser durchdringen können.

Unbewusst legen wir uns innerlich gewisse Entscheidungsmuster zurecht, die uns Orientierung geben für zukünftige (noch bessere) Entscheidungen. Kein Wunder, dass die meisten Gründer*innen mit der Zeit neue Aufgaben immer schneller in die richtige Richtung rangieren können. Natürlich auch, weil sich mit dem Schatz der getroffenen Entscheidungen im Rücken entspannter arbeiten und leben lässt. Denn natürlich sind auch die meisten beruflichen Sorgen (wie die privaten) unbegründet, weil sie nur in unserem Kopf herumspuken und die Probleme in Wirklichkeit niemals eintreten werden.

Dies erfahren wir aber oft erst, wenn wir viele bewusste Entscheidungen treffen und ihre Auswirkungen verfolgen. Fast immer verschwinden dann frühere Sorgen, weil die Wirklichkeit besser ist, als wir denken. Frei entscheiden zu dürfen lässt uns somit auch entspannter und angstfreier leben, weil wir lernen, dass Sorgen oft nur Hirngespinste sind und es selbst für wahr gewordenes Unangenehmes immer eine Möglichkeit gibt, es in eine gute Richtung zu lenken.

Die wohltuende Unterstützung anderer erfahren

Obwohl wir es letzten Endes sind, die entscheiden, erfahren wir oftmals geäußertes wie gelebtes Vertrauen, wenn andere unsere Entscheidungen mittragen, zum Beispiel unsere Mitarbeiter*innen, unser*e (Geschäfts-)Partner*in. Dieses Mittragen ist für uns von unschätzbarem Wert, weil wir die gefühlte Last mancher Entscheidung nicht permanent allein schultern müssen, sondern sie sich auf mehrere Schultern verteilt.

Diese Erfahrungen stärken uns nicht nur als Gründer*in, sie signalisieren uns ebenso, dass wir nicht jede Entscheidung treffen müssen, sondern manche auch abgeben können. Gerade in einem wachsenden Unternehmen ist das Teilen von Verantwortung ein entscheidendes Erfolgskriterium. Einerseits kann es für schnellere Prozesse und damit Wettbewerbsvorteile sorgen. Andererseits bindet es Mitarbeiter*innen noch stärker ans Unternehmen und ihre Arbeit, weil wir sie aufwerten und ihnen mehr Freiheit und Selbstbestimmung gewähren. Also genau die Werte, die auch uns so wichtig sind.

Die Entscheidung, andere entscheiden zu lassen

Andere mit Entscheidungskompetenz auszustatten, sie größer zu machen, an Aufgaben wachsen zu lassen, ist ein weiteres Glück, das wir im Laufe des Unternehmer*innen-Lebens erfahren würden, wenn wir es zulassen. Zumal wir anderen dann ermöglichen, was wir selbst durch das Entscheidenkönnen genießen dürfen: Verbindung erfahren. Mit jeder Entscheidung verbinden wir uns selbst ein Stück weit, werden ein winziger unsichtbarer Teil von ihr und erfahren durch sie eine wichtige Resonanz. Entweder durch erlebte Freude, wenn unsere Entscheidung sich als richtig herausstellt. Dann bestärkt sie uns, macht uns noch standfester und sicherer. Oder sie schenkt uns, wenn sie sich als falsch herausstellt, eine unbezahlbare Lernerfahrung, die uns hilft, beim nächsten Mal eine bessere Wahl zu treffen, weil wir erfahrener werden im Finden der für uns richtigen (Entscheidungs-)Wege.

Ob wir es glauben oder nicht: Wie wir uns entscheiden, sagt mehr über uns aus, als wir denken. Joanne K. Rowling, die mit Harry Potter eines der wohl größten (Buch-)Imperien der Welt (be-)gründete, drückte es wie folgt aus: »*Viel mehr als unsere Fähigkeiten sind es unsere Entscheidungen, die zeigen, wer wir wirklich sind.*«

Ist es nicht wunderbar, dass wir mit jeder Entscheidung, die wir treffen, auch mehr über uns selbst erfahren dürfen!?

Entscheidungen helfen uns auch, herauszufinden, was wir wirklich wollen

Eine weitere Magie des Entscheidens liegt in der Übung, herauszufinden, was richtig ist – fürs Unternehmen, Kund*innen, Mitarbeiter*innen und für uns persönlich. Je öfter wir

Entscheidungen treffen, desto normaler ist es für uns grundsätzlich, bei vielem stets mehrere Möglichkeiten zu sehen und die aus unserer Sicht beste auszuwählen.

Dieses Entscheidungstraining im Unternehmen hilft uns somit auch im Privaten, wo wir ebenso besser lernen, herauszufinden, was wir wollen – und was nicht. Denn der Vorteil von Entscheidungen ist nicht nur, dass wir die beste Wahl treffen dürfen, sondern auch, dass wir um schlechte und unangenehme Dinge herumkommen.

Je selbstverständlicher wir somit entscheiden, desto mehr Zutrauen gewinnen wir in uns und die eigene Entscheidungskompetenz. Die wachsende Selbstsicherheit, auch bei noch kommenden Aufgaben eine gute Entscheidung zu treffen, hilft uns auch bei privaten Fragen und Herausforderungen, wenn wir unseren Verstand wie einen Suchhubschrauber über den Dingen kreisen lassen, damit wir einen möglichst guten Überblick bekommen. Und wenn wir auf unser gestärktes Bauchgefühl hören, unsere Intuition, die uns mitteilt, was das Beste für uns ist.

Entscheidungen sind somit mehrfach eine Glücksgrube für uns Gründer*innen. Sie geben Sicherheit, nehmen Ängste, vergrößern Mut und sorgen dafür, dass man sich auch großen (und manchmal vielleicht unangenehmen) Entscheidungen stellt und die bestmögliche Wahl in seinem Sinne trifft. Wer entscheidet, kommt voran, denn ohne Entscheidungen sind Entwicklungen und Wachstum weder unternehmerisch noch privat möglich. Mit Entscheidungen bringen wir Klarheit und Fokus in unser (Unternehmer*innen-)Leben und machen wertvolle Erfahrungen, die zu Erfolgen oder innerem Wachstum führen. In jedem Fall ein bleibender (Entscheidungs-)Gewinn.

»Ja, aber…«

»Woher weiß ich denn, was richtig ist? Was ist, wenn ich mich falsch entscheide und das negative Auswirkungen hat?«

Nicht selten ist das Meer der Möglichkeiten mit einem dichten Nebel belegt, der uns eine klare Sicht auf die Dinge erschwert. Selbst erfahrene Unternehmer*innen wissen nie zu 100 Prozent, ob ihre Entscheidungen wirklich die bestmöglichen waren und welche eventuell negativen Auswirkungen sie noch nach sich ziehen werden.

Was aber ist die Alternative zum Entscheiden? Sich nicht zu entscheiden ist es nicht, denn wie sonst soll etwas vorangehen, wenn man sich nicht traut, einen Schritt zu machen – in welche Richtung auch immer. Angst ist immer ein schlechter Ratgeber und führt nur dazu, dass man stehen bleibt und damit bleibt, wo man ist. Leben bedeutet jedoch vorangehen, weiterkommen, lernen. Was wäre, wenn wir mit 20 Jahren sagen würden: »Das reicht. Mehr muss ich nicht vom Leben erleben?«

Lernen wir lieber von anderen und ihrem Umgang mit den natürlichen Unsicherheiten, die alle Unternehmer*innen haben – vor allem am Anfang ihrer Laufbahn. Thomas Alva Edison beispielsweise, der die Glühlampe zur Marktreife entwickelte, unternahm der Erzählung nach 9.000 Versuche, bis ihm dies gelang. Somit traf er bis zu seinem Erfolg 8.999 Fehlentscheidungen, oder? Kein Wunder, dass ein Mitarbeiter nach seinem 1.000sten Fehlversuch von Scheitern sprach, woraufhin Edison der Überlieferung nach erwidert haben soll: »Ich bin nicht gescheitert. Ich kenne jetzt 1.000 Wege, wie man einen Leuchtfaden nicht zum Leuchten bringt.«

Wenn wir uns trauen, uns zu entscheiden, und bereit sind, aus unseren Entscheidungen zu lernen, wird es uns zwangsläufig so gehen wie Edison, und wir werden besser in dem, was wir tun. Es müssen ja nicht immer 8.999 Entscheidungen sein, bis wir einen Erfolg erzielen oder gar einen Quantensprung machen. Oft reichen hierfür schon einige wenige Entscheidungen, wenn wir sie bewusst treffen und ihre Auswirkungen achtsam beobachten.

Sehen wir Fehler nicht wie Schüler*innen als rote Warnsignale, sondern als das, was sie in Wahrheit sind: Hinweise, wie's nicht geht. Auch das Gründen unterliegt, wie fast alles im Leben, dem Ausschlussprinzip, weil es nicht den einen Königs- beziehungsweise Königinnenweg für alles und jeden von uns gibt. Machen wir es doch einfach den Kindern nach, die beim Zusammensturz eines aufgebauten Turms aus Bauklötzchen im besten Fall aus ihren Handlungen lernen und sich schon beim nächsten Versuch anders entscheiden. Irgendwann wird die Summe ihrer vielen richtigen Entscheidungen vor ihnen stehen und sie mit Stolz und Freude erfüllen. Dieses Glücksgefühl erfährt man jedoch erst, wenn man bereit ist, den ersten Stein zu setzen und lernend darauf aufzubauen.

Vom (Un-)Glück des Gründens

Ein Gastbeitrag von Valerie Bures-Bönström

Sucht man es sich aus, Gründer zu sein? Ich glaube man hat keine Wahl. Warum? Meine ersten Gründungserfahrungen habe ich im Teamsport gemacht. Mich hat es als Jugendliche fasziniert, wie erfüllend es ist, mit einer Mannschaft für eine große Vision gemeinsam zu trainieren, zu kämpfen, zu gewinnen und auch zu verlieren. Im Sport habe ich gelernt, mit großem Ehrgeiz, endloser Disziplin und höchster Lernbereitschaft Ziele zu erreichen, aber auch sofort wieder aufzustehen, wenn etwas nicht funktioniert hat. Dies ist in meiner Leidenschaft als Gründerin heute noch genauso wichtig wie damals.

Gott sei Dank hatte ich nicht genügend Talent, um Profisportlerin zu werden. Denn in meinem Studium der Informatik löste das Gefühl, einen Algorithmus verstanden oder entwickelt zu haben, in mir dieselbe Faszination aus wie ein Erfolgserlebnis im Sport. Ab diesem Zeitpunkt war für mich klar, dass ich mich zu keiner späteren Tätigkeit motivieren konnte, die nicht ähnliche Glücksmomente ermöglichte. Zu dem Zeitpunkt wusste ich jedoch noch nicht, warum Glück für mich so eine große Rolle spielte und warum zu Glück auch Unglück gehört.

Beim Aufbau von Mrs.Sporty und dem gleichzeitigen Managen einer Familie mit drei Kindern lagen die Höhen und

Tiefen nah beieinander. Ich habe (mit professioneller Unterstützung) durch das Feedback meiner Kinder angefangen, meine Persönlichkeit zu entwickeln und ein besserer Mensch zu sein. Klar war ich, als ich die Kinder in den Zwanzigern bekam, noch jung, aber ich bin überzeugt, dass Kinder wahrscheinlich in jedem Alter die effektivste Erziehung für Erwachsene sind, die es gibt. Gleichzeitig war ich in den ersten Jahren der Unternehmensgründung arbeitstechnisch beseelt, aber ebenfalls besessen, und habe meine persönlichen Grenzen kennengelernt. Mit begrenzten Ressourcen, existenziellem Druck, Kritik und familiären Beziehungen gleichzeitig umzugehen hat mir psychisch und physisch viel abverlangt. Doch mit zunehmender Größe des Unternehmens und der erfolgreichen Gründung eines weiteren Unternehmens entwickelte sich eine gewisse Beständigkeit. So hatte ich auch Raum, darüber nachzudenken, wie es sein kann, dass mein Leben sich anfühlte wie Sport für unsere Mitglieder, die manchmal nach dem Training wie auf Wolken zu schweben schienen, während andere eher frustriert waren. Meine Motivation zu verstehen, wie es sein kann, dass Glück und Unglück so nahe beieinander liegen, war im Ursprung also eine ganz persönliche. Ich wusste, wenn ich unsere Mitglieder verstand, dann würde ich auch mein Rätsel gelöst haben.

Als ich auf die Theorie des Flow stieß, war ich sofort von der Kernthese überzeugt, die aussagt, dass der Glückszustand des Flows erreicht wird, wenn die Herausforderung, die man angeht, so zu den eigenen Fähigkeiten passt, dass man weder über- noch unterfordert ist. Im Sport ist der Ansatz leicht anwendbar und auch schnell beweisbar, denn wenn der Trainingsreiz optimal passt, dann ist nicht nur der Körper, sondern auch der Geist im Glückszustand. Doch dieses Prinzip auf das Leben anzuwenden war mir neu. Aber ich wusste nun, dass in jeder neuen Herausforderung die Suche nach dem Glücksmoment steckte und dass das Unglück, das die Überforderung versinnbildlicht, dazu gehörte. Glück und Unglück waren plötzlich nicht mehr von außen beeinflusst, sondern etwas selbst Gewähltes. Genau wie das Gründen, das in ausgeprägtem Ausmaß immer wieder neue Herausforderungen schafft. Doch der Wunsch, im Flow zu sein und sich daher immer wieder eine neue Herausforderung zu suchen, ist nicht frei gewählt. Ich bin Gründerin, weil es mich (un-)glücklich macht. Keine finanziellen Anreize, kein Status oder Ansehen können das Gefühl ersetzen. Ich konnte in meinen letzten Jahren bei Mrs.Sporty sogar erleben, dass sie sich in gewisser Weise ausschließen.

So konnte ich nicht anders, als vor zwei Jahren mein Unternehmen VAHA, der interaktive Fitnessspiegel für zu Hause, zu gründen und wieder ganz von vorne anzufangen. Warum? Weil ich mir wünsche, dass Gründer*innen, Sportler*innen, einfach jeder Mensch die Möglichkeit entdeckt, erst fünf Minuten, dann 20 Minuten und vielleicht irgendwann die meiste Zeit (vielleicht bei der Arbeit?) im Flow zu sein. Wer Flow erlebt, braucht nicht viel mehr, und VAHA (bedeutet Flow in Punjabi) ist hoffentlich eine verlässliche Quelle dafür. Wir begeistern bei VAHA heute Tausende von Kunden, und dennoch ist jeder Tag geprägt von (Un-)Glück, denn die Herausforderungen bleiben immer neu. So mag ich es!

Über die Gastautorin

Valerie Bures-Bönström, Jahrgang 1979, ist Diplom-Informatikerin und hat die London Business School als Executive MBA abgeschlossen. Die Mitgründerin der Fitnessstudio-Kette Mrs.Sporty war bis 2017 auch CEO des Unternehmens.

2011 gründete sie Pixformance, dessen CEO sie bis heute ist. Das Unternehmen bietet mit der Pixformance-Station ein digitales Trainingsgerät an. Etone Motion, das Unternehmen hinter der Marke VAHA, gründete sie 2019 und leitet es seither auch. VAHA bietet ein mehrfach ausgezeichnetes individuelles Training für Körper und Geist zu Hause. Valerie Bures-Bönström ist dreifache Mutter und begeisterte Outdoor-Sportlerin.

»Menschen mit einer neuen Idee gelten so lange als Spinner, bis sich die Sache durchgesetzt hat.«

Mark Twain

3

Seine Ideen verwirklichen

Ein weißes Blatt Papier.
Da ist alles möglich. Alles kann, nichts muss.
Das weiße Blatt Papier ist ein schönes Sinnbild für Freiraum, der nur darauf wartet, gestaltet zu werden. Von einer Zeichnerin, einem Maler oder einem*r Unternehmer*in. Genauso wie Künstler*innen sind wir Schöpfer*in unserer eigenen (Unternehmens-)Welt. Wie Künstler*innen starten wir vom Nullpunkt, ohne Vorgaben, Rahmen, Begrenzung. Niemand engt uns ein, nur wir selbst sind dazu in der Lage. Für uns existiert kein »Kein«, weil alles sein kann, was wir wollen, was wir uns vorstellen können.

Faszinierend für die einen, die begeistert sind ob der schier unendlichen Gestaltungsmöglichkeiten und sofort loslegen wollen, weil unzählige Ideen aus ihnen heraussprudeln, die sie verwirklichen wollen. Überfordernd ist dieser Freiraum jedoch für andere, die nicht wissen, was sie hiermit anfangen sollen. Meist gar nicht, weil ihnen nichts einfällt, sondern eher, weil sie sich erschlagen fühlen von der Unendlichkeit des Möglichen und daher Probleme haben, den ersten Pinselstrich zu setzen.

Es ist erstaunlich, was »Nichts« und »Alles« zugleich bewirken können. Das Nichts an Vorgaben und Begrenzungen trifft auf das Alles an Freiheiten und Möglichkeiten. Verständlich, dass der*die eine oder andere hierin eine Herausforderung sieht. Zumal Gründer*innen nicht ein einziges weißes Blatt Papier zu füllen haben, sondern Hunderte, ja Tausende. Schließlich starten alle unternehmerischen Bereiche bei null und wollen gestaltet werden: von uns. Und zwar nicht irgendwie, sondern bestmöglich. Diese Gemengelage ist manchen Menschen zu viel, bedrückt sie, weil sie denken, sie müssten alles parallel und immer perfekt machen. Druck formt zwar Diamanten, aber keine Kreativität. Kreativität entsteht vor allem, wenn sie frei ist und unbedrängt wirken kann – beweglich in alle Richtungen.

Vielleicht hilft uns Gründer*innen eine andere Definition von Kreativität, denn kreativ zu sein bedeutet nicht zwangsläufig, dass man etwas Einzigartiges, das es noch nie gab, aus dem Nichts erschaffen muss. Kreativität kann vielmehr bedeuten, sich zu trauen, neue Wege zu gehen, und dadurch Orte zu finden, an denen es Dinge gibt, die man selbst einfach noch nicht gesehen hat. Gestaltungsideen wie Problemlösungen.

Es ist alles bereits da, aber wir wissen nicht wo

Wir alle leben in unserem individuellen Kosmos, aber ebenso auf der gleichen Welt. Natürlich hat jede*r von uns seine eigenen Herausforderungen, aber manche davon sind zumindest ähnlich wie bei anderen Menschen, oder? Kann es vielleicht sogar sein, dass andere das Problem, das wir aktuell haben, schon gelöst haben? Sei es in der Partnerschaft, im Beruf, beim Hausbau, beim Reparieren von irgendetwas …

Das, was fürs Private gilt, gilt in diesem Fall auch fürs Unternehmerische. Natürlich ist jedes Unternehmen anders, hat jede*r Gründer*in ganz eigene Aufgaben zu lösen. Durch manche Dinge gehen wir alle durch, nur jede*r zu einer anderen Zeit, auf eine andere Art und Weise. Folglich gibt es Unternehmer*innen, die bereits in Bereichen kreativ waren, in denen wir es aktuell sein dürfen. Ebenso haben andere auch schon ähnliche Probleme gelöst wie die, die gerade auf unserem Tisch liegen. Das klingt ermutigend, weil es bedeutet, dass alles schon einmal da gewesen ist und folglich auch von uns gemeistert werden kann. Nur wissen wir meist leider nicht, wie.

Und genau hierfür brauchen wir Kreativität, wie auch schon Albert Einstein treffend feststellte: »*Probleme kann man niemals mit derselben Denkweise lösen, durch die sie entstanden sind.*«

Kreativität bedeutet somit, dass wir uns auf den Weg machen, um das zu sehen, was wir von unserem jetzigen Standpunkt mit unserer aktuellen Entwicklung nicht sehen können. Wie auch, wenn wir das allererste Mal vor einer Aufgabe stehen, die unsere Kreativität erfordert. Natürlich wissen wir in diesem Fall nicht, was alles möglich ist. Müssen wir ja auch nicht, weil wir es (heraus-)finden können, wenn wir kreativ sind und offen für alles, was außerhalb unserer Sichtweite liegt.

Kreativität ist immer dann erfolgreich, wenn sie die Brücke schlägt in (für uns!) unbekannte Welten, in denen wir Neues entdecken, staunend darauf zugehen und es für uns nutzen. Jede*r Entdecker*in besitzt ein Höchstmaß an Kreativität, was bedeutet, dass er*sie Lust darauf hat, die Welt zu entdecken und sich auf das einzulassen, was er*sie auf der Reise vorfindet.

Wenn wir davon ausgehen, dass alles schon da ist, und wir es nur finden müssen, kann sämtlicher kreativer Schaffensdruck von uns abfallen. Wir dürfen einfach zum*r Unternehmensentdecker*in werden und gespannt sein, was wir auf unserer beruflichen Reise alles finden werden. Ganz ohne Druck und voller (Vor-)Freude.

Das Unternehmen als kreatives Spielzimmer und die wundervollen Ergebnisse ausgelebter Kreativität

Sich selbstständig zu machen oder ein Unternehmen zu gründen ist wie ein Haus zu bauen oder eine Wohnung komplett neu einzurichten. Die Freiräume rufen uns förmlich dazu auf, sie zu nutzen. Zumal es in unserem eigenen Unternehmen keine Denk- und kaum Handlungsgrenzen gibt. Die Gedanken sind frei – und die Taten ebenso. Lassen wir beidem einfach freien Lauf und uns selbst überraschen, was wir dadurch alles zutage fördern und zustande bringen. Es ist faszinierend, was alles möglich ist, wenn alles möglich ist. Nicht selten werden uns Dinge passieren, die wir nicht für möglich gehalten hätten, bevor wir uns auf den kreativen Weg machten. Wenn wir es denn tun, denn manche Menschen stehen sich selbst im Weg: »Kreativ sind nur Künstler*innen. Ich bin nicht kreativ!«

Dieses merkwürdige Selbstverständnis mancher Menschen hört man öfter, was überrascht. Warum? Was würden Sie jemandem sagen, der noch nie verreist war und sagt: »Ich kenne die Welt gar nicht richtig.« Wahrscheinlich so etwas wie: »Wie willst du die Welt auch kennen, wenn du dich gar nicht auf den Weg gemacht hast? Die Welt kennt man erst wirklich, wenn man sie bereist.«

Und genauso ist es mit der Kreativität, die in jedem von uns schlummert – auch, wenn wir sie noch nicht gefunden haben. Vielleicht, weil wir sie bisher nicht genutzt oder mit der richtigen Herausforderung gelockt haben. Wenn Sie sich fragen, welche 100 Dinge an Ihnen besonders sind, werden Sie vielleicht spontan überfordert sein, weil Sie denken: So viele Dinge finde ich gar nicht. Aber was wäre, wenn man Ihnen 10.000 Euro dafür geben würde oder drei Wochen zusätzlichen Urlaub in Aussicht stellt? Sicherlich würden Sie zumindest versuchen, möglichst viele Dinge zu finden, oder? Alles ist eben eine Frage der passenden Motivation.

Auch unsere Kreativität braucht die richtigen Köder, um herauszukommen, und die richtigen Räume, in denen sie sich frei und ungestört austoben kann. Ein genialer Köder ist die eigene Selbstständigkeit oder das Gründen eines Unternehmens und die vielen damit verbundenen guten Dinge (von denen es viel mehr gibt als 100). Doch damit sich Ihre Kreativität hier vollkommen ausleben und entsprechende gute Ergebnisse produzieren kann, müssen Sie ihr den richtigen Raum geben. Einen Raum, in dem es erlaubt ist, nicht sofort die beste Idee zu finden oder eine Zeit lang ergebnislos zu suchen.

Ein Unternehmen aufzubauen und der eigenen Kreativität dabei freien Lauf zu lassen ist wie das Malen kleiner Kinder. Die kleinen Künstler*innen wissen genau, was sie dort zu Papier gebracht haben, auch wenn wir Erwachsenen auf den ersten Blick nur Gekritzel zu sehen meinen. Kreativität ist eben keine Frage von Zeichenkunst oder Realitätstreue, sondern nur eine Frage der eigenen Sichtweise. Jedes Kunstwerk ist mehr, als es zu sein scheint, denn jede*r von uns sieht darin etwas ganz anderes. Daher: Kann es etwas Bereicherneres geben als wahre Kreativität? Vor allem, wenn sie aus uns heraus erwächst?

Daher bleiben wir auch beruflich stets neugierig. Gierig nach Möglichkeiten, wie's geht, und immer bereit, etwas Neues zu tun. Jeden Schritt des Weges als eigenen Anfang und Ziel zugleich zu nehmen. Die Zeit aus dem Blick verlieren und das Glück gewinnen, wenn man im Flow ist, verbunden mit dem Hier, dem Jetzt, dem eigenen Erschaffen.

Gründen wird somit zum Umgang mit Millionen von Möglichkeiten, aus deren Fülle wir mit vollen Händen und Herzen schöpfen dürfen. Wenn wir unsere Kreativität ohne Vorgaben von der (inneren) Leine lassen.

Mit Kreativität das gesamte Unternehmen besonders gestalten

Das Wunderbare an Kreativität ist ihre Vielschichtigkeit, denn als Gründer*in dürfen wir uns nicht nur bei unseren Angeboten kreativ ausleben, sondern auch bei allem anderen. Die Gestaltung unseres Büros, die Planung unseres Tagesablaufs, die Führung unserer Mitarbeiter*innen, interne Unternehmensprozesse, die Meldung am Telefon, E-Mail-Signaturen, Klingelschild und, und, und. Überall: (Kreativ-)Feuer frei! Wir haben alle Möglichkeiten, die wir uns selbst erlauben. Gestatten wir uns zumindest unternehmerisch einfach, unnormal zu sein, denn: Normal gibt's schon (zur Genüge sogar).

Wir sind kreativer, als wir denken!

Alles, was uns problemlos »automatisch« einfällt, hat mit Kreativität so viel zu tun wie ein Knäckebrot mit Biegsamkeit. Kreativität beginnt dann, wenn wir unsere eigene Ideenzone samt selbst erdachter Grenzen und selbst gemachter Erfahrungen verlassen. Was wir dann erleben können, ist es wert, selbst erlebt zu werden.

Als Gründer*innen staunen wir oft genug über das, was uns ein- und zufällt, wenn wir uns offen und neugierig auf den Weg in neue Gefilde machen. Wir sind begeistert, wenn wir etwas entdecken, das bisher unbemerkt in uns schlummerte, von unserer freigelassenen Kreativität wach geküsst wurde. Das Gefühl ist unbeschreiblich, wenn Unsichtbares plötzlich sichtbar wird. Wenn sich Gedanken zu Ideen formen, die in Taten münden und zu Lösungen werden. Wenn das eigene (Er-)Schaffen greif- beziehungsweise erlebbar wird. Dann passiert etwas Magisches in uns, weil wir spüren, dass wir Schöpfer*innen sind. Kreativ. Aktiv.

Am besten *kre-aktiv*.

Mit Kreativität Geld verdienen

So wundervoll das Ideensprudeln auch ist: Die schönste Kreativität nützt nichts, wenn sie bei anderen nicht für Resonanz sorgt. Unternehmerische Kreativität muss somit in etwas Wertvolles beziehungsweise Wertschöpfendes münden. Als Gründer*in gilt es daher, der eigenen Kreativität Formen zu geben, zum Beispiel in Produkten und/oder Dienstleistungen, die man anbietet und mit denen man auch Geld verdient.

Wir brauchen eine zielführende Kreativität, die anderen nutzt, denn wo kein (Kund*innen-)Problem ist, da braucht es auch keine (Angebots-)Lösung. Wo kein Ziel, Wunsch oder Bedarf, da braucht es auch kein Produkt beziehungsweise keine Dienstleistung. Was schwer zu vereinbaren klingt, ist das Wunderbare am Unternehmertum. Als Gründer*in haben wir einen anderen, tieferen Blick auf die Welt und das Leben von Menschen. Überall sehen wir etwas, das verbessert werden könnte, wo es der Hilfe bedarf, einer effektiveren Lösung (oder überhaupt einer Lösung).

Wir Gründer*innen dürfen auf die Suche gehen nach unbewussten Wünschen, nach latent vorhandenen Bedarfen, die Menschen zwar innerlich haben, aber die sie nicht formulieren können. So kommen wir auf spannende Fragen, wie zum Beispiel: *Was könnten Menschen morgen brauchen, von dem sie heute noch nicht wissen, dass sie es brauchen?*

Als Gründer*in können wir uns kreativ austoben und zwanglos »herumspinnen«. Im Unternehmertum sind von der heute als normal angesehenen Normalität *ver*-rückte Ideen ausdrücklich erwünscht. Wir können an- und durchdenken, was uns in den Sinn kommt – so absurd es auf den ersten Blick auch scheinen mag. Nicht alles, was heute einzigartig ist, war es zum Zeitpunkt seiner Erfindung. Vieles war vielleicht einzig, aber nicht immer artig, im Sinne von gewöhnlich. Außergewöhnliches zu finden bedeutet eben, dort zu suchen, wo noch nicht die ganze Welt hingereist ist. Gründen und Unternehmertum schreien förmlich nach kreativen unkonventionellen Lösungen, weil gerade diese es sind, die ein Unternehmen vom Wettbewerb abheben.

Warum also nicht einmal gedanklich nach den Sternen greifen? Was soll uns schon passieren, außer dass wir dabei eine Menge Spaß haben und vielleicht sogar etwas finden, das wir mit auf die Erde und in unser Unternehmen nehmen können!? Schon Hermann Hesse meinte: *»Man muss das Unmögliche versuchen, um das Mögliche zu erreichen.«*

Und, um es noch etwas zu erweitern: Die besten Ideen findet man erst, wenn man viele schlechte überwunden hat. Von daher bedeutet Kreativität ebenso, nicht zu verzweifeln, wenn man nicht sofort das Gesuchte oder Erwünschte findet. Trüffel findet man auch erst, wenn man sich durch die Erde wühlt, was zwangsläufig zu schmutzigen Händen führt, bevor man den ersuchten Schatz endlich hat.

Übrigens: Wundervolle Beispiele für zuerst fantastisch klingende und später fantastische unternehmerische Erfindungen gibt es zuhauf. Denken Sie nur an das iPhone, das, genaugenommen, »nur« etwas ist, in dem mehrere bereits vorhandene Funktionen (Telefon, Kalender, Kamera, Musikplayer, E-Mail-Account et cetera) in einem schicken Design kombiniert wurden. Das iPhone beweist aufs Klarste, wie Kreativität in Perfektion funktioniert, wenn man Bestehendem eine neue Form gibt.

Oder denken Sie an die Entwicklung der ersten Mondrakete, mit der die Menschheit bis ins Universum fliegen konnte. Mehr Kreativität in Form vom Entdecken neuer Welten geht kaum. Oder das entgegengesetzte Beispiel der Zellforschung, die bis tief in kleinste fürs Auge nicht sichtbare Details blickt. Alle diese und weitere Erfindungen verdanken wir Menschen, die sich auf den Weg gemacht haben und offen für das waren, was sie dort fanden.

Zugegeben, diese bahnbrechenden Innovationen, ja, Revolutionen zum Teil, sind in der Unternehmenswelt rar gesät. Und sie müssen es auch gar nicht sein, denn Kreativität kann auch, oder besser gerade, im Alltäglichen seine ganze Kraft entfalten. Zum Beispiel bei der Frage: *Für welche störenden Probleme müsste man mal eine Lösung finden? Und warum können Sie nicht »man« sein?*

Gründer*innen gehen mit offenen Augen durchs Leben und beobachten achtsam, was um sie herum geschieht. Wir sehen oft Probleme, wo »normale« Menschen nichts sehen. Sei es beim Einkaufen, beim Sport oder zu Hause. Überall sind Dinge zu finden, die anders gemacht werden könnten, besser, schneller, einfacher, flexibler, bequemer, günstiger...

Als Gründer*in lernen wir immer mehr, uns in den Alltag und vor allem in die Herausforderungen anderer Menschen oder Unternehmen einzudenken und einzufühlen. Klar, schließlich möchte jedes Unternehmen etwas anbieten, das das Wirken anderer auf welche Art auch immer verbessert.

Durch diese Problembeobachtung sind übrigens die allermeisten Produkte und Dienstleistungen entstanden. Oder meinen Sie, jemand hätte die Schnürsenkel erfunden, wenn sich vorher nicht ein anderer darüber geärgert hätte, beim Gehen immer aus den Schuhen zu rutschen oder gar zu stolpern? Und auch Ärzte mit ihren diversen Untersuchungen,

Behandlungen und Medikamenten würde es nicht geben, wenn alle Menschen immer gesund wären (oder achtsam wären und sich bei Gesundheitsthemen selbst zu helfen wüssten)?

Dieser besondere Problemblick, verbunden mit dem steten Verbesserungswunsch, ist etwas Wunderbares, das jedem*r Gründer*in immer wieder aufs Neue widerfährt. Der Drang, die Dinge zu optimieren, voranzukommen, ist einer der Gründe, warum wir uns als Menschheit immer weiter verbessern.

Welche Probleme sehen Sie vielleicht bei sich selbst, Ihrer Familie, »da draußen«, die Sie gern lösen würden?

Was können Sie dazu beitragen, dass wir alle oder Einzelne von uns ein noch besseres Leben führen können?

Welche Ideen haben Sie, um die Welt zu einem (noch) besseren Platz zu machen (oder sie überhaupt zu erhalten)?

Finden Sie es doch heraus. Lassen Sie Ihre Kreativität ohne Vorgaben leinenfrei laufen. Auch, wenn sie sich verläuft: Keine Panik, die will nur spielen. Irgendetwas wird sie Ihnen schon bringen. Ganz gewiss!

»Ja, aber…«

»Kreativität schön und gut, aber was ist, wenn mir einfach nichts einfällt? Oder wenn das, was mir einfällt, nichts Besonderes ist und keine wirkliche Hilfe?«

Gegenfrage: Angenommen, Sie müssen zu einer Adresse und wissen weder, wo das genau ist, noch wie Sie dorthin kommen. Sie dürften auch nicht googeln oder eine Karten-App nutzen. Glauben Sie, Sie würden dort ankommen?

Nein? Wenn Sie sich gar nicht erst auf den Weg machen, wird's nichts, klar. Erst, wenn Sie losgehen oder -fahren, haben Sie eine Chance. Und wenn Sie sich selbst auf die Suche begeben, falsche Adressen ausschließen, neue Gegenden erkunden, vielleicht hier und dort nach dem Weg fragen…

Natürlich ist es möglich. Es ist alles nur eine Frage der Zeit und Ihrer Kreativität. Zeit in Form von Ausdauer, der Bereitschaft, weiterzumachen, nicht aufzugeben, dem Glauben, dass es keine falschen Ideen gibt, die mir begegnen, sondern nur nicht die, die ich suche. Und Kreativität in Form von Offenheit, dem Aufbruch in neue Gegenden, dem Einnehmen neuer Blickwinkel, der Bereitschaft für neue Denkmuster und Lösungen.

Wenn wir davon überzeugt sind, dass es alles bereits gibt, was wir benötigen, müssen wir nichts weiter tun, als es zu finden. Schöpfen wir mit Zutrauen in uns selbst doch einfach aus dem Vollen und machen uns die (Unternehmens-)Welt, wie sie uns gefällt. Was gibt's Schöneres!? Ihr Zuhause würden Sie doch auch nicht nach den Vorstellungen eines anderen einrichten. Und die Namenswahl für Ihr neugeborenes Kind würden Sie sicher auch keinem*r Fremden überlassen. In beiden Fällen wären Sie zwar von der Last befreit, selbst kreativ sein zu müssen. Aber zu welchem Preis?

Machen Sie sich lieber selbst auf die Suche nach Ihren inneren und bisher ungenutzten Ideen und Potenzialen. Jeder von uns ist kreativ, wenn wir den Mut haben, unser Inneres nach außen zu lassen.

Vom Glück des Gründens

Ein Gastbeitrag von Andrea Bury

Ich bin eher eine Spätzünderin, was das Gründen betrifft. Oder vielleicht besser, ich bin langsam reingewachsen. Unternehmertum wurde bei uns zu Hause eher mit Unsicherheit verbunden als mit Freiheit und Glück. So dachte ich weder während meines Studiums (Wirtschaftswissenschaften und Kulturmanagement) noch danach erst einmal an Selbstständigkeit. Ein Unternehmen zu gründen, Verantwortung für Mitarbeiter zu übernehmen,… das alles schien mir bewundernswert und unglaublich mutig, aber irgendwie in weiter Ferne und nichts für mich. Dass ich doch gegründet habe und mir heute kein anderes Leben mehr vorstellen kann, ergab sich über Jahre in teilweise geplanten, teilweise zufälligen Etappen des Lebens.

Zuerst hatte ich einen klaren Plan: Ich wollte Kommunikations-Diplomatin in einem Großkonzern werden (also die, die alle Kommunikations-Abteilungen synchronisiert) – so ziemlich genau das Gegenteil von Freiheit und »etwas unternehmen«. Auf dem Weg dorthin durchkreuzte ein cholerischer Chef in einer Corporate-Identity-Agentur in London meinen Plan. Nachdem zum wiederholten Male innerhalb einer Woche jemand im Büro weinte, habe ich nach drei schlaflosen Nächten in der Probezeit von heute auf morgen gekündigt. Ich konnte nicht für jemanden arbeiten, der Menschen so respektlos behandelte. Während eines Überbrückungsjobs an der Garderobe eines Nachtklubs, der wenigstens die Miete finanzierte, hatte ich dann viel Zeit zu überdenken, was mir wirklich wichtig ist im Leben. Die Freiheit, wählen zu können, für wen und mit wem ich arbeite, erschien mir nach dem Erlebten das Wichtigste. Und so nahm ich meinen ganzen Mut zusammen und machte mich als Kommunikations-Beraterin selbstständig. Das fühlte sich alles sehr frei, spannend, ja fast abenteuerlich an. Ich reiste einige Jahre viel um die Welt für meine Kunden (aus Formel 1-Unternehmen, aus der Bankenbranche und der Automobilindustrie) und liebte jeden abwechslungsreichen Tag.

Ein Projekt, der Aufbau eines Thinktanks für nachhaltige Innovation und die damit verbundene Renovierung eines Hauses, führte mich dann 2007 nach Marrakesch. Ich lebte fast zwei Jahre dort. Die handwerklichen Fähigkeiten der Menschen begeisterten mich. Gleichzeitig war ich schockiert über die Lebenssituation vor allem der Frauen, von denen über die Hälfte noch immer Analphabetinnen sind und damit abgeschnitten von wirklicher ökonomischer Partizipation und Unabhängigkeit. Zum ersten Mal fühlte ich direkt, wie besonders es immer noch ist, als Frau ein Leben in finanzieller Unabhängigkeit zu führen, lernen zu dürfen und zu tun, was einem Spaß macht. Ich glaube, dass jeder Mensch besondere Fähigkeiten hat, die nur das richtige Umfeld benötigen, damit sie Früchte tragen können. Und plötzlich hatte ich eine Mission: Ich wollte für die Frauen in Marokko dieses Umfeld schaffen. Inspiriert von Muhammad Yunus und seinem Thema »Social Business«, kombiniert mit meiner Leidenschaft für das Sammeln von alten, handbestickten Taschen gründete ich ABURY. ABURY ist ein Fair-Trade-Lifestyle-Label, das internationales Design und Kunsthandwerk zusammenführt, um den Menschen vor Ort zu ermöglichen, einen fairen

Lebensunterhalt zu verdienen. Teile des Profits werden über die ABURY Foundation Bildungsprojekte für die Frauen vor Ort investiert. Ich hatte keine Erfahrung in der Modeindustrie, aber es fühlte sich richtig an. ABURY kam quasi zu mir. Heute reden alle von Purpose, vor zehn Jahren wurde ich dafür oft belächelt. Mit der Unterstützung von Familie, Freunden, aber auch vielen neuen Begleiter*innen, die die Vision teil(t)en, haben wir es geschafft. Heute arbeitet ABURY auch in Äthiopien, Ecuador, Tansania und vielen anderen Ländern. Mein größtes Geschenk ist es, wenn die Frauen mit eigenen Ideen zu mir kommen. Und die Menschen, die ich durch die Gründung von ABURY kennenlernen durfte und darf und die Teil der ABURY-Familie geworden sind, sind mein größtes Glück. *Together we can make it fashionable to care.*

Über die Gastautorin

Andrea Bury, Jahrgang 1970, gründete nach einer internationalen Karriere im Marketing und Sponsoring (unter anderem Laureus World Sports Awards, Mercedes-Benz, O2, Formel 1) das Fair-Trade-Lifestyle-Label ABURY sowie die ABURY Foundation. Ziel von ABURY ist die Stärkung von Frauen in Entwicklungsländern durch die Schaffung von Arbeitsplätzen und über Förderprojekte, in denen Frauen ausgebildet und ermutigt werden, selbst als Unternehmerin tätig zu werden. Da Nachhaltigkeit Andrea Bury sehr am Herzen liegt, ist ABURY BCorp zertifiziert. Basierend auf den eigenen Erfahrungen baute Andrea Bury mit dem ABURY Positive Impact Lab eine Consultancy auf, mit der sie Unternehmen auf dem Weg in eine nachhaltigere Zukunft unterstützt. Sie ist Mitbegründerin des Designhotels Riad Anayela und eine der »Responsible Leaders« der BMW Foundation.

4

Seine Unternehmensidentität finden und leben

Die Gründung eines eigenen Unternehmens ist vergleichbar mit dem Wunder der Elternschaft. Wie ein Kind mit der Geburt durchläuft auch ein Unternehmen eine stets individuelle Entstehungsgeschichte mit verschiedenen Phasen. Vom zarten Wunsch zur Unsichtbarkeit des Gedeihens bis hin zum sichtbaren Leben. Nur können wir Gründer*innen unser Unternehmensbaby im Vergleich zum im Mutterleib entstehenden Menschen jederzeit aktiv mitgestalten und erleben jede Neuigkeit live und in Farbe mit.

Das eigene Unternehmensbaby kann aber auch noch mehr sein, nämlich ein zweites Ich oder ein Ich in Unternehmensgröße. Was merkwürdig klingt, ist tatsächlich des Merkens würdig, wenn es gelingt, unser »Privatmenschen-Ich« um zusätzliche (unternehmerische) Facetten zu erweitern. Mit unserem Unternehmen haben wir nämlich die einmalige Gelegenheit, Dinge auszuleben, die wir in dieser Form als Privatperson nicht oder nur begrenzt ausleben können. Wir erweitern somit unseren Handlungsspielraum, können Dinge ausprobieren, die uns wichtig erscheinen, und uns sogar ein Stück weit neu erfinden.

Eine Gründung kann daher auch so etwas sein wie die eigene unternehmerische (Neu-)Geburt, bei der man seinen privaten Visionen, Vorstellungen oder Glaubenssätzen eine unternehmerische Gestalt gibt und ihnen so Präsenz verleiht, sie sichtbar und lebendig macht. Als Gründer*in *können* Sie Ihre wichtigsten Werte in Ihr Unternehmen integrieren oder es gar darum herum entwickeln.

Ob wir das eigene Unternehmen als unser Kind ansehen oder als erweitertes Ich: Gründen ist stets eine einzigartige Reise, bei der wir nie wissen, was uns alles auf dem Weg erwarten wird. Und doch haben wir selbst das Wichtigste in der eigenen Hand: die Unternehmensidentität, mit der wir die Reise antreten wollen. Nur wir entscheiden, wie viel von dem, was wir sind und woran wir glauben, mit in unser Unternehmen einfließt. Wir bestimmen, worauf der Fokus liegt und wie stark und sichtbar wir uns mit unserem Unternehmen verbinden wollen, um öffentlich zu zeigen, wofür wir (auch unternehmerisch) stehen.

Wir haben alle Möglichkeiten. Nutzen wir sie doch einfach, wie es uns beliebt.

Den Inhalt des eigenen Unternehmens finden

Wofür wir uns auch immer entscheiden: Das eigene Unternehmen benötigt in jedem Fall konkrete mehrwertige Angebote, mit denen es sein (und damit auch unser) Geld verdienen kann, sprich: Produkte und/oder Dienstleistungen. Bei der Entwicklung oder Kreation unserer Angebotspalette kann und sollte mehr eine Rolle spielen als lediglich die Klassiker:

- Was gibt es so noch nicht?
- Was braucht der Markt?
- Was lässt sich gut verkaufen?

Gerade zu Beginn des Unternehmertums, wenn man vielleicht allein ist als Gründer*in, steht man selbst als Mensch viel mehr für das Unternehmen als das Unternehmen selbst. Ganz einfach, weil man anfangs entweder die eigenen Dienstleistungen selbst erbringt oder die Produkte allein verkauft, beziehungsweise versucht, Geschäftspartner*innen zu gewinnen, Kooperationen zu schließen und dergleichen mehr. Jede*r Gründer*in ist erste*r Ansprechpartner*in *für Außenstehende*, das Gesicht, die Stimme, der Kopf, das Herz des Unternehmens und 100-prozentig damit verbunden. Wir sind unser Unternehmen, weil es Zeit braucht, bis es eine eigene Identität entwickelt hat.

Viele Dienstleister*innen, die ihre Kund*innen persönlich und ausschließlich betreuen, kennen dieses Gefühl, dass man selbst oft als »das Unternehmen« von der eigenen Kundschaft wahrgenommen wird. Man ist dann nicht Kund*in bei Firma Meyerhuber, sondern bei der freundlichen Frau Labuster, die alles für einen immer so schnell und kompetent regelt.

Als Angestellte*r erleben wir schon manchmal, wie wertvoll wir als Mensch und Dienstleister*in für andere sind. Als Gründer*in steigt unsere Wichtigkeit sogar noch um ein Vielfaches, weil wir sogar alles in einer Person sind: Produktanbieter*in, Dienstleister*in, Ansprechpartner*in, Verhandler*in, Entscheider*in, Organisator*in und vieles mehr.

Diese Identifikation ist gerade in der Anfangsphase des Unternehmertums unser größtes Pfund. Wir sind unser wichtigstes Alleinstellungsmerkmal, weil es das Unternehmen nicht noch einmal gibt. Warum sollten wir uns also nicht so gut wie irgend möglich in unserem Unternehmen einbringen, unsere Stärken leben, unsere inneren Werte außen zur Wirkung bringen und dies alles oder zumindest teilweise zur Unternehmens-DNA machen?

Nutzen wir die eigene Einzigartigkeit und verhelfen wir so auch unserem Unternehmen dazu. Bekannte Beispiele für gelungene Verbindungen von Mensch und Unternehmer*in beziehungsweise Unternehmen gibt es zahlreiche. Das wohl bekannteste ich sicherlich Claus Hipp, den die meisten zuerst mit seinem berühmten Satz aus der Firmenwerbung assoziieren: »Dafür stehe ich mit meinem Namen.«

Denken wir an spezielle Menschen, fallen uns zu ihnen meist spontan Begriffe ein, die wir mit ihnen verbinden. Entweder, weil wir sie aus bestimmten Situationen kennen, in gewissen Rollen erlebt haben oder weil wir mit ihnen unbewusst gewisse Attribute verbinden, für die sie stehen.

Günther Jauch zum Beispiel. An was denken Sie, wenn Sie seinen Namen hören? An »Wer wird Millionär?«, Moderator, Unternehmer vielleicht. Unbewusst sicherlich an Intelligenz, Eloquenz, verschmitzten Humor.

Und bei Heidi Klum? An »Germany's Next Topmodel«, Model, Unternehmerin? Unbewusst vielleicht an Schönheit, Darstellungskompetenz, Fröhlichkeit.

Viele bekannte Prominente sind mehr als das, was wir von ihnen sehen. Sie haben erkannt, dass *sie selbst* die Marke sind, die andere kaufen. *Sie selbst* sind das Unternehmen und machen sich dieses Bewusstsein zum Vorteil, indem sie um sich herum eigene Unternehmen gründen, wie zum Beispiel Produktionsfirmen, Modelagenturen, Labels oder dergleichen.

Es gibt auch Unternehmer*innen, die einen so starken Einfluss auf ihr Unternehmen haben, dass sie ihre herausragenden Fähigkeiten und/oder prägenden Werte extrem darauf abfärben. Nehmen Sie beispielsweise Wolfgang Grupp, dessen Fleiß, Traditionsbewusstsein und familiärer Zusammenhalt eng mit seinem Unternehmen Trigema verbunden sind. Oder weitere Ausnahmegründer wie Steve Jobs, Elon Musk oder Mark Zuckerberg, mit deren Nennung unbewusst Worte wie Innovation, Weltneuheiten oder Visionäre mitschwingen.

Es ist kein Zufall, dass erfolgreiche Gründer*innen gerade in der Anfangsphase ihre eigene Person präsent in den Vordergrund rücken und mit sich selbst für ihr Unternehmen werben. Wofür ein Unternehmen steht, was es ausmacht, kann niemand besser verkörpern als wir Gründer*innen selbst. Wir fühlen uns nicht nur wohl wie ein Fisch im Wasser, wenn unser Unternehmen das lebt, was auch wir leben. Wir sichern uns hierdurch auch die so wichtige Glaubhaftigkeit, weil wir uns klar positionieren und man sieht, wofür wir stehen, weil wir es authentisch verkörpern, da wir es sind und nichts vorspielen müssen.

Wofür stehen Sie in Ihrem Unternehmen mit Ihrem Namen oder wofür würden Sie gern stehen?
An welche Begriffe sollen Menschen denken, wenn sie an Ihr Unternehmen denken?
Wer wollen Sie beruflich sein?
Was wollen Sie unternehmerisch bewirken?

Viele Fragen, die Ihre Möglichkeiten erweitern, weil keinerlei Antworten vorgegeben sind. Sie können sich so in Ihrem Unternehmen ausleben, wie Sie es sich wünschen und dadurch auch das Leben anderer verbessern, wenn Sie sich zum Beispiel fragen: *Was in der Welt oder in der Gesellschaft stört mich so, dass ich es verändern möchte?*

Falls Ihnen diese Frage zu groß erscheint, lassen Sie sich beruhigen. Was in früherer Zeit nach fantastischer Weltverbesserungsromantik klang, ist heute für immer mehr Unternehmen ein Kern ihres Strebens. Immer mehr Unternehmer*innen erkennen, dass es zwar schön ist, Geld zu verdienen und Einfluss zu haben, aber eben nicht das allein Glückseligmachende.

Das große »Warum?« erobert nicht nur immer mehr Herzen von Menschen, sondern auch immer mehr Unternehmen.

Warum gibt es Ihr Unternehmen? Warum will es erreichen, was es erreichen will? Was ist das Ziel hinter dem Ziel? Die größere Mission, die *übergeordnete* Vision, der tiefere Sinn, Ihre größte Sehnsucht, der Leitstern Ihres Lebens – und damit Ihres Unternehmens?

Die Frage nach dem großen »Warum?« hilft uns als Gründer*in, die Arbeit nicht mehr von unserem normalen Leben zu trennen und aufzuhören, beides isoliert voneinander zu betrachten. Nicht selten verlassen Menschen ungern ihr Zuhause, um zur Arbeit zu gehen, dort acht Stunden oder mehr irgendetwas zu tun, was sie nicht wirklich wollen (aber Geld bringt), bis sie endlich wieder ins »gute Leben« zurückgehen dürfen.

Nicht nur Kinder wissen, dass sie wahre Erfüllung, echte Freude nur dann erfahren, wenn sie alles um sich herum vergessen, sich ganz und gar mit dem verbinden und sozusagen eins werden mit dem, was sie gerade tun. Als Gründer*in dürfen wir unsere Arbeit mit der Freizeit verbinden. Und mehr noch: Auch in der Welt anderer Menschen dürfen wir uns entfalten, wenn wir unsere Werte mit ihnen teilen und durch unser wertvolles Wirken einen Einfluss über uns selbst hinaus bekommen.

Welche sind Ihre drei großen Werte?

Das zu beantworten ist gar nicht so schwierig, wie es zunächst klingt. Fragen Sie sich einfach, was Ihnen besonders wichtig ist im Leben. Worauf legen Sie großen Wert? Auf was könnten Sie nicht verzichten?

Wenn Ihre drei wichtigsten Werte zum Beispiel Freiheit, Liebe und Abenteuer sind, könnten Sie im nächsten Schritt überprüfen, ob alles in Ihrem Leben zu diesen Werten passt. Oder gibt es Bereiche, in denen Sie einen Ihrer Werte nicht vollends leben können? In diesem Fall könnten Sie etwas verändern, damit es für Sie passt. Und Gleiches ist natürlich in Ihrem Unternehmen möglich. Auch hier könnten Sie alle Produkte, Dienstleistungen und Prozesse an Ihren Werten ausrichten.

Warum? Weil so auch Ihr Unternehmen ein harmonischer gewinnbringender Teil Ihres Lebens ist und es zudem ein größeres Ausmaß bekommt, also Tiefe und Resonanzfähigkeit. Nur wenn wir wissen, was uns wirklich wichtig ist, können wir es auch leben und damit das Leben von Menschen bereichern, die suchen, was wir bieten.

Die Verpackung Ihres Unternehmens

Auch die besten Inhalte müssen gut verpackt werden, und damit ist nicht die Verpackung gemeint, in der Sie Ihre Produkte verschicken. So wie Sie als Mensch innere Werte haben, Visionen, Glaubenssätze, Fähigkeiten, verfügen Sie auch über äußerlich Sichtbares. Im Idealfall passt beides zusammen, scheint nur nach außen, was innen bereits glänzt.

Genauso, wie wir überlegen, was wir anziehen, welche Farben uns stehen, welche Kleidungsstücke uns gefallen, wie wir unsere Haare tragen et cetera, machen wir uns als Gründer*in auch Gedanken darüber, wie das eigene Unternehmen aussehen soll und wie wir es präsentieren wollen.

Die Gedanken zum Erscheinungsbild beginnen meist beim Namen, dem wir unserem Unternehmen geben. Wie bei der Findung eines Namens für ein Baby macht auch dies eine unbeschreibliche Freude. Wir lassen unserer Kreativität freien Lauf, spielen mit allerlei Möglichkeiten, durchstöbern unzählige Namenslisten, entdecken Ungewöhnliches, Lustiges, Interessantes. Wir fragen uns, ob ein verständlicher Name besser ist als ein ausgefallener. Ob er schon verraten soll, worum es bei dem Unternehmen geht oder gerade nicht und lieber geheimnisvoll sein soll. Haben wir einige Ideen gefunden, überlegen wir vielleicht, ob sie gut zu merken und sprachlich transportierbar sind, ob sie Interesse auf mehr wecken, ob sie zu uns passen, wie wir den Namen genau schreiben und, und, und.

Irgendwann ist es dann vollbracht, und unser Unternehmensbaby hat einen Namen, der uns hoffentlich so gut gefällt, dass wir ihn am liebsten jedem erzählen. Was unbemerkt mit der Namensgebung geschieht, ist jedoch der wahre Zauber: Es gibt jetzt zum ersten Mal einen klaren Fixpunkt, einen Ausgangspunkt für alles Weitere.

Aus dem Namen wird dann im nächsten Schritt ein Logo, und wir fragen uns, welche Farbe/n unser Unternehmen bekommen soll, welche Schrift, gestalterische Elemente ja oder nein… Die Entwicklung eines Logos, ob wir sie allein oder mithilfe professioneller Gestalter*innen angehen, gleicht oft einer wilden Achterbahnfahrt. Mal hat man das Gefühl, man findet das Passende *überhaupt* nicht mehr. Mal ist man dem perfekten Ergebnis ganz nah, bis dann doch wieder irgendetwas fehlt. Dennoch gelingt es irgendwann, und wir sehen den gewählten Namen in gestalteter Form vor uns. Ob mit oder ohne unterstützenden Slogan, der entweder beschreibt, was unser Unternehmen macht, welche Werte es vertritt oder Lust macht auf mehr: Irgendwann hat das Unternehmen ein vorzeigbares Gesicht.

Was im finalen Ergebnis oft klar und einfach aussieht, war bei genauer Betrachtung meist ein längerer Prozess, den kein*e Gründer*in missen möchte. Auch wenn er neben Freudenschreien und Glücksgefühlen auch Schweißperlen und Nerven kostet. Aber es ist wie bei so vielem im Leben: Es ist eine Kunst, sich kurz zu fassen und das Wesentliche mit wenigen Worten oder Pinselstrichen auszudrücken.

Hierzu gibt es ein wunderbares Zitat, das sowohl Voltaire, Goethe, Churchill, Mark Twain, Blaise Pascal als auch vielen anderen zugeschrieben wird, was zeigt, wie bemerkenswert es ist, wenn es jede/r gesagt haben soll. »Lieber Freund, entschuldige meinen langen Brief, für einen kurzen hatte ich keine Zeit.«

Alle langen intensiven Mühen lohnen sich am Ende, wenn wir unseren Namen und unser Logo mit einem Schmunzeln auf den Lippen betrachten. Zu Recht, schließlich ist damit der Grundstein gelegt für alles, was folgt, wie Internetpräsenz, Werbung, Bürobeschilderung und vieles mehr. Irgendwann sollte alles so aussehen und sich vor allem so anfühlen, als wäre es aus einem Guss entstanden, wie ein harmonisches Gesamtkunstwerk, auf das wir stolz sind und von dem wir mit Fug und Recht behaupten können: *»Das ist mein Unternehmen, und so sieht sie aus, meine unternehmerische Identität!«*

> **»Ja, aber…«**
>
> *»Wenn ich schon nicht genau sagen kann, wer ich als Mensch wirklich bin: Wie soll ich dann erst wissen, wer ich unternehmerisch bin?«*
>
> Stimmt, die Frage nach der eigenen persönlichen Identität zu beantworten fällt vielen Menschen schwer. Einfacher ist hingegen die Findung der unternehmerischen Identität, weil wir uns hier mit konkreten praktischen Fragestellungen beschäftigen, wie den persönlichen Fähigkeiten, der Lieblingsarbeit, den zu lösenden Problemen, gewünschten Verbesserungen in unserem Umfeld, bei unseren Kund*innen, in der Welt…
>
> Es macht unglaublich viel Spaß, herumzuexperimentieren, verrückte Ideen anzudenken, zu tun, als ob alles möglich wäre (was es ja ist als Gründer*in),

und in bisher unbekannten Richtungen *überraschende Ideen zu finden.*

Das Beste: Wir dürfen uns vom Perfektionsanspruch lösen, der besagt, dass wir gleich zu Beginn die perfekte Identität für alle Zeiten finden müssen. Wichtig ist, mit etwas zu beginnen, hinter dem wir zum Zeitpunkt der Entscheidung zu 100 Prozent stehen – mit dem Kopf und dem Herzen.

Verändern wird sich im Laufe des Unternehmer*innentums sowieso vieles. Logos werden immer wieder angepasst, verfeinert. Neue Farben eingeführt. Selbst manche Markennamen wurden schon verändert, wie bei Twix, das mal Raider hieß. Alles ist eben ein Prozess, der in Bewegung ist, wächst, fließt. Doch dies alles kann er nur, wenn wir ihn in Bewegung setzen und anfangen. Wer sich motivieren möchte, auch mit einer unperfekten Identität anzufangen, der vergleiche gern die allererste Internetseite von Amazon aus dem Jahr 1998 mit der heutigen. Solch ein Erfolg wäre niemals zustande gekommen, wenn sich Amazons Identität nicht stetig verändert hätte. Dies gelingt allerdings nur, wenn man sich auf den Weg macht, bleibt und bereit ist, sich der natürlichen Entwicklung hinzugeben. Wohin auch immer sie einen führen mag…

Vom Glück des Gründens

Ein Gastbeitrag von Arlett Chlupka

»Stürz dich doch nicht in dein Unglück.« Schon spannend, mit welchen Worten man teilweise in den Zeiten einer Gründung begleitet wird. Unglück, weil eine Gründung auch schiefgehen kann? Ja, nicht jede Gründung klappt reibungslos. Die wenigsten wahrscheinlich. Aber auch bei Niederlagen war ich im Grunde glücklich. Nicht froh über den Misserfolg, aber glücklich, da ich weiß, dass dies dazugehört und dass ich alles gegeben habe, um das Unternehmen und uns als Team zum Erfolg zu führen.

Gründen bringt automatisch viel Verantwortung mit sich – aber vor allem Verantwortung für sich selbst. Ich musste erst lernen, damit umzugehen, am Ende des Tages den überwiegenden Teil der Aufgaben nicht einmal begonnen zu haben. Wir haben im Gründerteam immer viele Ideen, wollen vieles auf einmal und davon zu viel. Wer setzt denn die Grenzen? Du selbst. Man überschreitet sie immer wieder aufs Neue, und das strengt an. Aber man lernt auch, dass es sich in irgendeiner Weise auszahlt, und das beflügelt und macht glücklich. Vergleichbar mit dem Muskelkater nach dem Sport – es schmerzt, aber macht zugleich stolz, dass man den Weg gegangen ist.

Seit der Gründung gibt es für mich ein viel größeres Spektrum des Glücklichseins, bestehend aus vielen kleinen

Facetten, die ich vorher nicht gekannt habe. Allem voran, dass Glücklichsein weniger von glücklichen Zufällen herrührt, sondern vielmehr von Gelegenheiten, Gegebenheiten und Erfolgen, die man sich selbst schafft.

Sie entscheiden als Gründer*in jeden Tag, Dinge zu verändern oder sie genauso zu belassen, Sie schaffen die Kultur, in der Sie arbeiten möchten, die Umgebung, in der Sie gut arbeiten können, und das Team, das Sie inspiriert und unterstützt. Ich entscheide jeden Tag, das zu tun, was mir Spaß macht. Genau das macht mich persönlich glücklich und befähigt mich auch in schwierigen Zeiten zu erkennen, wie viel Schwung für die nächste Etappe daraus resultieren kann.

Das Wichtigste, das ich in den letzten Jahren gelernt habe, ist, dass mir die Gründung emotional und zeitlich sehr viel abverlangt und es dadurch kaum eine Grenze zwischen Privatleben und Beruf gibt. Meine Co-Gründer sind wesentliche Bezugspersonen für mich, bei denen ich zu 100 Prozent authentisch sein darf. Wenn mir nach Tanzen im Büro ist, tue ich das. Wenn ich weinen muss, ist es o. k., und wenn ich aus vollem Herzen lachen muss, dann muss ich mich nicht zusammenreißen. Mit meinen Co-Gründern Simon und Florian habe ich ein Team gefunden, in dem wir uns sehr gut kennengelernt haben und aufeinander achten. Auch eine Facette des Glücks.

Gründen bewegt sich häufig in den Extremen, und das macht natürlich auch etwas mit dem eigenen Glücksempfinden. Manchmal ist der Weg dazu scheinbar ganz versperrt. Ich versuche in solchen Situationen etwas Abstand zu gewinnen, denn wenn der Pegel des Glücksempfindens nach unten rauscht, werde ich unkreativ. Wenn ich einen Schritt aus der Situation heraustrete, sehe ich häufig den Weg wieder klarer – unsere Vision, mit meevo & craftsoles nachhaltig im Gesundheitswesen etwas zu verändern. Und sicherlich sind es auch die erreichten Meilensteine und die offensichtlichen Erfolge, die zum Anstieg meines Glücksempfindens führen. Das sind wohl allgemein die naheliegendsten, jedoch nicht die einzigen Dinge, die glücklich machen. Ich bin überzeugt davon, dass man beim Gründen nur erfolgreich sein kann, wenn man glücklich ist. Andernfalls wird man nicht das notwendige Engagement einbringen können.

Glücklich gehe ich am Ende des Tages immer dann nach Hause, wenn ich all diese Facetten in meinem Glücksspektrum sehe, seien sie auch noch so unscheinbar für Außenstehende.

Über die Gastautorin

Arlett Chlupka, Jahrgang 1987, ist studierte Wirtschaftsinformatikerin und begleitet bereits seit über elf Jahren Digitalisierungsprozesse in großen Unternehmen. Als Beraterin betreute sie bei IBM diverse gesetzliche Krankenkassen und übernahm anschließend bei dem Familienunternehmen Fielmann die Leitung für die IT-Transformation. Gemeinsam mit Florian Birner und Simon Maass gründete sie 2018 die meevo Healthcare GmbH und rief wenig später das moderne Sanitätshaus meevo sowie den digitalen Einlagenversorger craftsoles ins Leben. Die Vision: Moderne Versorgungskonzepte im Hilfsmittelmarkt etablieren und so das digitale Einkaufserlebnis mit traditionellem Handwerk vereinen.

> *»Wenn Sie nur Dinge machen, von denen Sie im Voraus wissen, wie sie laufen, wird Ihr Unternehmen untergehen.«*

Jeff Bezos

5

Ein eigenes wertvolles Unternehmen aufbauen

Ein*e Selbstständige*r ist selbst und ständig aktiv. Ein*e Unternehmer*in unternimmt etwas. So weit, so bekannt. Aber *wozu* unternehmen wir selbst und ständig, teilweise jahrzehntelang?

Die Liste der Gründe hierfür ist natürlich individuell und bei manchen sehr lang. Einige mögliche Motivationen haben Sie in diesem Buch bereits kennengelernt, wie Freiheit, Selbstbestimmung, Selbsterfüllung, sein*e eigene*r Chef*in sein. Aber es gibt noch etwas, das vielen Gründer*innen gar nicht bewusst ist, weil es meist auch kein bewusster Grund ist, zu gründen.

Und dennoch geschieht es, wächst auf unserem Weg automatisch etwas mit uns mit – unbemerkt im Windschatten unserer unternehmerischen Aktivitäten: der Unternehmenswert, den wir erschaffen.

Nicht direkt, sondern eher beiläufig, wächst unser Unternehmen nicht nur an Angeboten, Mitarbeiter*innen und Sichtbarem, sondern es bildet auch einen inneren Wert. Durch unser Streben voller Kreativität und Schaffensfreude wird auch unser Unternehmen nach und nach wertvoller. Sogar in mehrfacher Hinsicht.

Ein wertvolles Unternehmen
für sich selbst entwickeln

Für alle, die noch nie gegründet haben, mag es vielleicht merkwürdig klingen, aber ein eigenes Unternehmen hat für jede*n Gründer*in recht schnell einen hohen emotionalen Wert. Es ist nicht nur die Zeit, die man in der eigenen beruflichen Heimat verbringt, körperlich, geistig sowie emotional. Es ist auch das, was wir hierbei erleben. Mit uns selbst, unserer Arbeit, aber ebenso mit wertvollen Menschen wie Mitarbeiter*innen, Kund*innen beziehungsweise Geschäftspartner*innen.

Das eigene Unternehmen wächst uns mit jedem Tag mehr ans Herz, nimmt einen wichtigen Platz in unserem Leben ein und ist irgendwann zu einem untrennbaren Bestandteil von uns geworden, den wir nicht missen möchten.

Neben dem emotionalen Wert erhalten wir von unserem Unternehmen aber auch einen finanziellen Wert. Zum einen über unsere Entlohnung, bei der wir endlich die Möglichkeit haben, auch eine unserer Leistung entsprechende Geldsumme zu erhalten. Im Gegensatz zur Arbeit als Angestellte*r, bei der der wahre Wert unserer Leistung oft nicht in Form eines dazu passenden Gehalts abgebildet wird und andere Menschen unsere Verdienstmöglichkeiten beschränken, gibt es als Unternehmer*in keine finanzielle Obergrenze.

Wir selbst bestimmen mit der unternehmerischen Aktivität, der Kompetenz, dem Entscheidungsgeschick und natürlich dem notwendigen Glück darüber, wie viel wir verdienen. Das Beste daran: Je stärker wir nachgefragt werden, je besser, einzigartiger wir in dem werden, was wir tun, desto eher können wir den Preis unserer Arbeit erhöhen. Wir haben es also selbst in der Hand, ob wir finanziell verdienen, was wir uns fachlich und emotional verdient haben. So kann Gründen auch zu einer ergänzenden Form der Altersvorsorge werden, da wir uns unabhängiger machen von staatlicher Absicherung, der Entwicklung von Versicherungs- und Fondsverträgen. Mit unserem unternehmerischen Erfolg können wir über die Höhe unserer Rente mitbestimmen.

Doch neben dem eigenen Vermögen steigern wir mit jedem neuen Tag, den wir aktiv in und an unserem Unternehmen arbeiten, unbewusst und unsichtbar noch etwas: den Unternehmenswert. Während wir als Angestellte*r »nur« eine monatliche Entlohnung für geleistete Arbeit erhalten (und am Jahresende vielleicht zusätzliche Prämien oder Bonuszahlungen), können wir Gründer*innen uns über eine zusätzliche Art der Vermögensbildung freuen.

Je mehr Umsatz und Gewinn unser Unternehmen über die Jahre macht, über je mehr Eigenmittel beziehungsweise -anlagen es verfügt, desto wertvoller wird es. Es bekommt einen eigenen Wert, wie eine Immobilie. Aber im Gegensatz zum eigenen Haus oder der gekauften Wohnung, wo jede*r sieht und weiß, dass sie etwas wert sind, sehen viele den Wert eines gut laufenden Unternehmens nicht. Und auch wenn er nicht außen auf dem Firmengebäude zu sehen ist, ist er dennoch da und kann uns nutzen. Entweder indirekt, weil wir hierüber leichter an Investitionskredite kommen und so schneller wachsen können. Oder direkt, wenn wir unser Unternehmen irgendwann verkaufen und zu Geld machen wollen.

Doch auch dann, wenn wir es noch aktiv betreiben, bieten sich uns etliche positive steuerliche Gestaltungsmöglichkeiten, durch die wir unser Unternehmen zur Schatztruhe machen können, in der nicht nur wir gut aufgehoben sind, sondern auch unser Geld.

Der unternehmerische Wert für die Gesellschaft

Je nachdem, was unser Unternehmen konkret anbietet und wie wir es aufstellen, kann es mehreren Menschen aus unserer Region oder anderen Teilen unseres Landes (sogar der Welt) Arbeit bieten. Hiermit schaffen wir nicht nur für uns einen Arbeitsplatz, sondern ermöglichen auch anderen, ihren Lebensunterhalt zu verdienen. So tragen wir einen entscheidenden Anteil dazu bei, dass andere Menschen sich selbst und ihre Familien versorgen und finanziell absichern, sich ihre Wünsche und Träume erfüllen, gesetzte Ziele erreichen können.

Ohne Unternehmen gäbe es keine Arbeitsplätze und ohne uns als Gründer*innen keine Unternehmen. Wir sind somit nicht nur wichtig für unser Leben(sglück), sondern auch für das anderer. Manchmal sogar bis zu ihrem Renteneintritt, wenn Arbeitnehmer*innen für lange Zeit bei uns arbeiten und die Sicherheit eines Arbeitsplatzes genießen, den wir geschaffen haben.

Zudem zahlen wir Steuern, was unserer Gemeinde beziehungsweise Stadt hilft und ihr wiederum ermöglicht, anderen Menschen und Unternehmen in der Region zu helfen. Nicht zu vergessen die Sozialabgaben, die wir als Unternehmer*in mit dem Lohn als Unterstützung der staatlichen Systeme einzahlen, die allen zugutekommen. Unternehmen sind einfach ein unverzichtbarer Teil der Gesellschaft und tragen ihren wichtigen Teil dazu bei, dass die Systeme so laufen, wie sie laufen.

Einer der wohl schönsten Nebeneffekte des Gründens ist der menschliche Magnetismus, der entsteht, wenn sich herumspricht, dass es unser Unternehmen gibt und dass es – im besten Fall – etwas ganz Besonderes ist. Dann nämlich kommen Menschen automatisch auf uns zu und freuen sich, wenn sie für und mit uns arbeiten dürfen.

Als Unternehmer*in haben wir die einmalige Möglichkeit, vor allem jungen Menschen zu helfen, indem wir sie über Praktika ins Arbeitsleben hineinschnuppern lassen. Oder indem sie sich bei uns etwas dazuverdienen können, zum Beispiel als studentische Hilfskräfte. Oder indem wir Auszubildenden den Einstieg ins Arbeitsleben ermöglichen, ihnen ein Trampolin für den Sprung ins Berufsleben bauen, ihnen unser Wissen und unsere Erfahrungen zur Verfügung stellen und sie bei ihrem Wachstum und ihrer Entwicklung begleiten.

Wir selbst entscheiden darüber, welche Werte wir für die regionale Wirtschaft und Gesellschaft bieten möchten. Die Möglichkeiten hierzu sind vielfältig und gehen weit über Spenden und Sponsoring hinaus. Auch mit unserem Unternehmen sind wir zum Beispiel Kunde*in und können andere regionale Unternehmen mit unseren Bestellungen gezielt unterstützen. Oder mit unentgeltlicher Hilfe, wenn wir uns mit anderen Unternehmer*innen vernetzen und uns gegenseitig unterstützen mit Rat und Tat.

Der unternehmerische Wert für Kinder und Enkel

Wer ein Unternehmen gründet, der weiß, dass man es entweder so lange führt, bis man stirbt (was die Frage nach sich zieht, was dann damit geschieht), es vorher schließt oder rechtzeitig in andere Hände übergibt. Anders als Angestellte haben Unternehmer*innen on top die Möglichkeit, das Aufgebaute zu verkaufen oder an eine*n Nachfolger*in zu übergeben. Und selbst wenn wir unser Unternehmen später einfach schließen, haben wir dadurch nicht weniger als ein*e Angestellte*r. Es bleiben uns dann sogar noch die unzähligen Werte, die wir uns abseits des Geldes erwirtschaftet haben.

Die meisten Unternehmer*innen werden sich im Optimalfall, wenn das Unternehmen gut läuft, aber eher wünschen, es jemand anderem anzuvertrauen, wenn sie selbst nicht mehr arbeiten oder verantwortlich sein möchten. Auch beim Unternehmen ist es wie mit allem, was wir besitzen: Irgendwann fragen wir uns, wer es bekommen soll. Das eigene Haus, den Goldschmuck, besondere Besitztümer, alles, was uns am Herzen liegt, soll bei den meisten von uns möglichst in der Familie bleiben. Verständlich, denn was für uns von Wert ist, soll nach unserem Tod nicht irgendwer erhalten, sondern die, die wir lieben. Wie unser*e Kind*er oder die Enkel. Da liegt es doch nahe, dass wir uns zumindest die Frage stellen, ob wir nicht auch unser Unternehmen an unsere Lieben übergeben.

Ganz gleich, wofür wir uns am Ende entscheiden: Als Gründer*in tut es gut, zu wissen, dass wir mit dem eigenen Unternehmen auch dann mehrere Möglichkeiten haben, wenn wir es nicht mehr betreiben oder besitzen wollen. Und es kann ein zusätzlicher Ansporn sein, der nachwachsenden Generation etwas zu hinterlassen. Sei es eine Immobilie, Geld oder etwas anderes von Wert.

Die Möglichkeit dieses Hineinwachsens für Kinder beziehungsweise Enkel ist etwas Einzigartiges, sollte aber niemals ein Muss sein. Es ist grundsätzlich schlimm, wenn Eltern ihr*e Kind*er in von ihnen gewünschte Rollen zwingen, die nicht die ihren sind. Aber niemand sollte seinen Kindern oder Enkeln ein Unternehmen aufbürden, ganz gleich, ob diese es wollen, dafür geeignet sind oder nicht. Wir als Unternehmer*innen sollten nur das Angebot formulieren, wenn wir es denn wollen. Ohne Bedingungen, ohne Erwartungen, ohne Druck. In die Fußstapfen anderer zu treten ist in der Regel sowieso schon eine große Bürde, die man tragen kann, wenn man es aus freien Stücken möchte.

Wir alle wissen, dass das Umfeld vor allem in der Kindheit einen ganz entscheidenden Anteil daran hat, wer wir sind, was wir denken. Das, womit wir aufwachsen, was für uns normal, weil alltäglich ist, prägt uns und damit auch das, was wir glauben, uns zutrauen und vorstellen können. Während manche Kinder von Beamten beispielsweise erleben, wie beruhigend die Sicherheit eines garantierten Arbeitsplatzes und eines regelmäßig planbaren Gehalts sein kann, wachsen Kinder von Unternehmer*innen mit anderen Prägungen auf.

So sind Unternehmer*innen-Kinder oftmals vertraut damit, für sich selbst verantwortlich zu sein, aktiv etwas für das zu tun, was einem wichtig ist, sich selbst zu versorgen und so weiter. Gerade wenn Unternehmer*innen-Kinder mit im elterlichen Betrieb präsent sind, teilweise sogar darin aufwachsen und im passenden Alter sogar ein bisschen mitarbeiten, steigt über das natürliche (Er-)Leben die Affinität, später auch unternehmerisch tätig zu sein.

Und wenn sich unser*e Kind*er oder Enkel dafür entscheiden, in unser Unternehmen hineinzuwachsen, es gar irgendwann zu übernehmen: Was gibt es denn Schöneres, als auch im beruflichen Umfeld eine starke familiäre Verbindung zu erleben, die fortführt, was wir aufgebaut haben!? Wenn wir Menschen, die wir lieben, den Unternehmens-Staffelstab übergeben und ihnen damit einen bereiteten Boden überlassen, sollten wir dankbar dafür sein und sie bestärken, ihre eigenen Ideen zu verwirklichen und auf dem Bestehenden etwas Neues aufzubauen, etwas Eigenes.

Und wir sollten die Größe besitzen, uns selbst kleiner zu machen, indem wir uns heraushalten aus dem, was der*die neue Chef*in macht. Wenn, dann können wir als Ratgeber*in helfen. Aber nur, wenn dies gewünscht und angefragt wird. Genauso, wie wir unser*e Kind*er irgendwann in die Unabhängigkeit entlassen und sie ihren eigenen Weg gehen lassen, sollten wir es auch unternehmerisch zulassen, dass sie sich selbst als »*Übernahme-Gründer*in*« verwirklichen.

Unser Wissen darum, ein Unternehmen aufgebaut zu haben, das einen selbst überlebt und für nachwachsende Generationen zur Aufgabe und Perspektive wird, sollte uns Geschenk genug sein und uns mit Dankbarkeit erfüllen. Denn ganz gleich, wie unsere Nachfolger*innen das Unternehmen weiterführen: Teile von uns bleiben bestehen. Sei es der von uns erdachte Unternehmensname, das Logo, Angebote, Prozesse, Werte. Wir bleiben unsichtbar verbunden und leben somit auf gewisse Art und Weise weiter – bis über den Tod hinaus.

Der unternehmerische Wert für die eigenen Erinnerungen

Ganz gleich, wie lange wir unser Unternehmen betreiben oder behalten: Was uns für immer bleibt, sind die Erinnerungswerte, die wir im unternehmerischen Leben gesammelt haben. Die kann uns niemand nehmen. Hochs und Tiefs, wichtige Meilensteine, unvergessliche Erfolge, durchgestandene Krisen, selbst erfahrene Lehren, die unzähligen kleinen wie großen Geschichten, die sich im Laufe der Zeit ereignet haben.

Das, was in einem Unternehmerleben passiert, reicht nicht selten für mehrere Leben. Kein Wunder, ist man als Unternehmer*in in fast alles eingebunden, bekommt unglaublich vieles mit, darf unzählige Situationen selbst durchleben, stolpert von einer Überraschung in die nächste und ist immer auch Teil des Lebens der eigenen Mitarbeiter*innen, deren Probleme und Freuden man oftmals hautnah mitbekommt.

Vielleicht träumen Sie auch wie viele Menschen davon, irgendwann im sehr hohen Alter auf einer Parkbank zu sitzen mit Ihrer*m Liebsten, einen schönen Ausblick vor sich und einem Lächeln auf den Lippen. Und dann denken Sie zurück. Sie erinnern sich an die schönsten Momente, die größten Ereignisse, lassen das Vergangene Revue passieren und stellen im allerbesten und wünschenswerten Fall mit einem Gefühl der inneren Zufriedenheit fest: Ja, ich habe mein Leben gelebt.

Ganz gleich, was in Ihrem Unternehmer*innen-Leben so alles passieren wird, eines werden Sie auf der Parkbank mit dem Blick zurück auf Ihre Unternehmenskarriere ganz gewiss sagen: »Langweilig war's nicht.«

»Ja, aber...«

»Was ist, wenn's nicht klappt, einen Firmenwert aufzubauen, weil das Unternehmen finanziell nicht so erfolgreich ist?«

Das Tolle am Unternehmertum ist, dass nicht nur kein Tag wie der andere ist, sondern auch jedes Jahr unterschiedlich ausfällt. So kann es sein, dass es in einem Jahr nicht so gut läuft, im nächsten dafür umso besser. Als Unternehmer*in haben wir jederzeit die Chance, Dinge, die nicht so laufen wie gewünscht, zu verändern. Im Zweifel können wir sogar alles ändern und komplett neue Richtungen ansteuern, mit neuen Produkten oder Dienstleistungen.

Wenn wir als Unternehmer*innen etwas lernen, dann, dass immer alles möglich ist und wir dafür nur herausfinden müssen, wo wir hinwollen, wie wir dort am besten hinkommen und uns dann auch auf den Weg machen. Wie im Leben auch finden wir als Unternehmer*innen meist nur über Versuch und Irrtum heraus, was funktioniert. Und je mehr falsche Wege wir ausschließen, desto eher nähern wir uns den richtigen.

Außerdem ist das Erschaffen eines Firmenwertes ja kein Muss, sondern on top eine nette Zugabe. Es reicht vollkommen aus, wenn wir, solange wir unternehmerisch aktiv sind, unsere Freude und ein gutes Auskommen haben. Auch Unternehmen dürfen irgendwann aus der Welt scheiden wie wir Menschen.

Vom Glück des Gründens

Ein Gastbeitrag von Frank Dopheide

»Die beiden wichtigsten Tage in deinem Leben sind der Tag, an dem du geboren wurdest, und der Tag, an dem du entdeckst, warum.« (Mark Twain)

Von den bekannten acht Millionen Arten unseres Planeten ist allein der Mensch fähig, das Leben und die Welt nach seinen Wünschen zu gestalten. Was für ein Glück und was für eine Verpflichtung.

Die Entdeckung der eigenen Bestimmung als Lebensaufgabe wirkt auf uns Menschen wie ein Erweckungserlebnis. Unsere deutschen Dichter und Denker haben ein wundervolles Sprachbild dafür gefunden: beseelt sein. Eine göttliche Berührung. Sie befähigt uns Menschen, physikalische Gesetze auszuhebeln und über uns hinauszuwachsen. Ein Mensch, der beseelt ist von dem, was er tut, entwickelt eine Kraft, der sich niemand entziehen kann: Mahatma Gandhi, Mutter Teresa, Martin Luther King ebenso wie Karl Lagerfeld, Greta Thunberg, Jane Goodall und Elon Musk. Diese wunderbare Fähigkeit steckt in jeden von uns. Warum herrscht beispielsweise in der einen Bäckerei gähnende Leere, während bei der anderen die Menschen Schlange stehen? Weil der Inhaber der florierenden Bäckerei mit Leib und Seele Bäckermeister ist. Darum geht es.

Haben wir unsere Bestimmung erst einmal gefunden, brauchen wir den Raum, um sie zur Entfaltung zu bringen. Wir gründen ein Unternehmen. Die Gründung ist der magische Tag, an dem ein Hirngespinst Wirklichkeit wird. Die Gründung hebt den Gedanken in die Realität und schafft unserem Traum ein Gerüst, eine Organisation, die ganz auf ihn zugeschnitten ist. Sie ist im wahrsten Sinne des Wortes wie für uns gemacht. Was könnte besser sein als das? Während sich der Rest an die Realität anpassen muss, formen wir unsere Umgebung so, dass sie zu uns passt. Anders als bei unserer Geburt können wir nun sogar selbst den Namen bestimmen, die Gestalt definieren, die Umgebung aussuchen, in der das Unternehmen wachsen und aufwachsen soll, und eine handverlesene Schar von Menschen um uns sammeln, die mit Eifer und Gutmütigkeit dafür sorgen, dass dieses »Baby« ein Prachtexemplar wird. Die entscheidenden Wachstumshormone dafür sind menschlicher Natur: Ideenreichtum und Vorstellungsvermögen. Jene Fähigkeiten, die den Menschen von jeder anderen Spezies unterscheiden, werden zur Quelle unternehmerischen Handelns.

Die Psychologie liefert den Begriff der »Selbstwirksamkeit« als Erklärung. Wir Menschen spüren und erleben uns vornehmlich durch die Reaktion der anderen und der Welt auf uns und unser Handeln. Und niemals ist dieses Gefühl spürbarer und intensiver als im Moment der Gründung eines Unternehmens und seinen ersten Lebensjahren. Die Entfaltungskraft ist sichtbar – vom Keller in die Garage, in das Shared Office, in die eigenen Räume, in das eigene Gebäude. Von der Apfelsinenkiste, über Ikea-Möbel bis zu den ersten Designerstücken von Vitra, Le Corbusier und Walter Knoll.

Anders als Start-up-Gründer, die nur den Profit des schnellen Exits zum Ziel haben, und profitorientierte Manager will ein*e Gründer*in ein Unternehmen für die Ewigkeit schaffen. Nicht das schnelle Geld, sondern der lange Wert sorgen für Glück.

Der Manager ist kurz nach Ablauf seines Vertrags (manchmal auch früher) nur noch Schall und Rauch und bald vergessen. Gottfried Daimler, Robert Bosch, Reinhold Würth und vielleicht auch das Gründer-Paar Özlem Türeci und Ugur Sahin von BioNTech verleihen ihrem Gründergeist Flügel, die manchmal über Jahrhunderte tragen. Was kann beglückender sein als das? Rainer Maria Rilke hat es »die Verwandlung der Welt ins Herrliche« genannt. Fangen Sie am besten heute damit an.

Über den Gastautor

Frank Dopheide ist Unternehmer, kreativer Geist, Menschenfreund und Autor. Nach seinem Studium an der Sporthochschule sprintete er in der Werbebranche die Karriereleiter hoch, wurde 2005 Chairman von GREY Worldwide und führte die Agentur unter die Top Ten. 2011 gründete Frank Dopheide die Deutsche Markenarbeit, deren Mehrheitsgesellschafter 2014 die Verlagsgruppe Handelsblatt wurde. Als Sprecher der Geschäftsführung der Handelsblatt Media Group trieb er die Transformation zum innovativsten Medienhaus des deutschsprachigen Raums voran. 2020 gründete er human unlimited, das bei den Kunden-Unternehmen für Sinn, nachhaltiges Wachstum von Vertrauenskapital, Unternehmenswert und gesellschaftliche Akzeptanz sorgt. Er ist verheiratet und hat drei wohlgeratene Kinder sowie einen Golden Retriever.

»*Erfolg hat nur derjenige, der etwas tut,*
während er auf den Erfolg wartet.«

Thomas Alva Edison

6

Neue Freundschaften knüpfen

Haben Sie Freund*innen?
Warum eigentlich? Vielleicht, weil Sie Menschen mögen, gern mit anderen in Kontakt sind, Ihre Zeit mit ihnen verbringen, sich austauschen, zusammen etwas erleben, lachen, staunen, über dieses oder jenes sprechen, Probleme wie Erfolge teilen, sich gegenseitig das Herz ausschütten und wieder auffüllen, sich helfen und, und, und.

Es gibt unzählige gute Gründe für Freundschaften, doch sie alle entspringen der gleichen Quelle: Menschen brauchen Menschen, weil sie allein, ganz ohne menschliche Kontakte, nicht existieren könnten. Wir brauchen andere Menschen, um uns selbst zu erkennen und Resonanz zu erfahren für unser Wirken. Wir lernen von anderen, indem wir sie beobachten und reflektieren, was uns gefällt (was wir nachahmen könnten) und was uns missfällt (wovon wir die Finger lassen).

Menschen, mit denen wir uns umgeben, prägen uns. Daher ist es entscheidend, mit wem wir uns umgeben. Niemand würde jemanden in den eigenen Freundeskreis aufnehmen und damit eng an sich heranlassen, der einen niedermacht, schlecht gelaunt ist und in allem nur das Negative sieht. Im Privaten suchen wir uns die Menschen bewusst aus, mit denen wir Zeit verbringen, die wir mögen und deren Austausch uns bereichert.

Auch beruflich ist der Mensch ein entscheidender Faktor. Jede*r Schüler*in weiß um die Wichtigkeit einer guten Klassengemeinschaft. Je mehr Mitschüler*innen sich mögen, desto besser ist die Stimmung innerhalb der Klasse, desto mehr Spaß macht die Schule und desto effektiver ist das Lernen. Ähnliches gilt für das Verhältnis zum*r Lehrer*in. Es ist erstaunlich, wie stark der Einfluss von lernen wollen und lernen können davon abhängt, ob man den/die Lehrer*in mag oder eben nicht.

Diese Zusammenhänge von menschlicher Stimmungslage und Arbeitsinhalt ziehen sich von der Schule über den Alltag von Student*innen bis in die Arbeitswelt. Wer in einem Team arbeitet, das sich untereinander gut versteht und in dem auch ein gutes Verhältnis zur Führungsetage besteht, der weiß, wie anders sowohl die Arbeitsfreude als auch die Arbeitsergebnisse sind im Vergleich zu einem Team samt Chef*in, in dem Eiseskälte herrscht oder gar Kleinkrieg.

Die richtigen Menschen für unser (Arbeits-)Glück zu finden, sie in unser direktes Umfeld zu holen und dort zu behalten, ist wohl eine der wichtigsten Aufgaben unseres Lebens. Privat wie beruflich. Auch unternehmerisch ist es entscheidend, wer an unserer Seite ist. Kein*e Gründer*in, selbst die der heute größten und bekanntesten Unternehmen, ist vollkommen allein erfolgreich geworden. Jede*r hatte auf dem Weg die Hilfe anderer Menschen.

Dabei kommt es nicht allein darauf an, die bestmöglichen Arbeitskräfte zu finden oder ein funktionierendes Team zusammenzustellen (dem widmet sich ein anderes Kapitel dieses Buches). Wir brauchen Menschen in unserem Unternehmen, die zu uns passen, die uns guttun, mit denen wir Herausforderungen zusammen meistern können und mit denen wir wachsen. Im besten Fall werden manche davon im Laufe der Zeit sogar zu unseren Freund*innen. Auch dies ist ein Segen des Gründens: Dass wir über und durch unser Unternehmen neue Menschen kennen- und schätzen lernen. Und manchmal sogar das Knüpfen neuer Freundschaften, die nicht nur unser Berufsleben bereichern, sondern auch uns selbst.

Freundschaften mit Mitgründer*innen

Die wichtigsten (neuen) Menschen, die uns und unser Unternehmen mitprägen können, sind unsere Mitgründer*innen, so wir denn welche wollen. Natürlich können wir uns auch allein ohne Geschäftspartner*innen an unserer Seite ins Unternehmensabenteuer stürzen, jedoch kann es aus mehreren Gründen von Vorteil sein, gemeinsam zu gründen. Beispielsweise zu zweit.

Viele von uns unternehmen lieber etwas mit anderen zusammen als allein. Ob Sport treiben, ein Konzert besuchen oder essen gehen. Vieles macht mehr Freude, wenn wir es mit anderen erleben. Es ist einfach schöner, mit jemandem zu sprechen, sich auszutauschen, gemeinsam zu singen, laufen, tanzen oder was auch immer. Die meisten Dinge werden hierdurch vollkommen, weil wir sie intensiver genießen können. Ebenso wird es verbindlicher, weil wir auch wirklich durchziehen, was wir uns vornehmen, und manches nicht spontan sein lassen, weil wir gerade keine Lust dazu haben. Zu zweit ist einfach mehr Leben(sglück) *möglich*.

Auch das Gründen eines Unternehmens kann manchen leichter fallen, wenn sie jemanden an ihrer Seite haben, weil sie dann nicht alles allein klären und bewältigen müssen. Gefühlt sind die Hürden der Unternehmensgründung leichter zu nehmen, wenn wir zu zweit sind, weil dann jemand neben uns ist, der mit anpackt. Jemand, der uns mitreißt, wenn wir selbst mal nicht so motiviert oder energetisch sind. Jemand, der in unserem Sinne entscheidet, wenn wir zögern. Jemand, der uns Sicherheit gibt, wenn wir unsicher sind. Mit einem*r Mitgründer*in verdoppeln wir unsere Ressourcen und zudem unsere Vorstellungskraft und unser Zutrauen in das, das man allein für unmöglich hält. Zu zweit lässt sich eben mehr bewegen.

Vier Schultern tragen mehr als zwei. Nicht nur Leid können wir teilen und es dadurch leichter verdauen. Auch Freude wird größer, wenn sie jemand teilt und durch das gemeinsame Erleben ins Unermessliche steigt. Wir teilen mit unserem*r Mitgründer*in aber nicht nur Erfahrungen, sondern auch Arbeit. Weiß der eine nicht weiter, weiß die andere vielleicht die Lösung. Fällt eine Aufgabe an, die der einen nicht liegt oder missfällt, freut sich der andere vielleicht darüber, sie erledigen zu dürfen. Was der eine vergisst, daran denkt die andere, und was die eine liegen lässt, hebt der andere auf.

Von unseren Mitgründer*innen werden wir immer wieder aufs Neue aufgefangen und fangen sie ebenso auf. Durch diese Möglichkeit der Aufteilung sparen wir Zeit, Nerven und Energie, weil wir uns nicht an allem und jedem aufreiben müssen und so in unsere volle Kraft kommen können. Ein Unternehmen zu zweit zu gründen ermöglicht uns, effizienter zu arbeiten, zielführender, mit weniger Qual und mehr Qualität. Wir kommen nicht nur schneller voran, sondern haben auch meist mehr Freude, weil für uns unangenehme Arbeiten im besten Fall von unserem*r Partner*in erledigt werden können. Hierdurch können wir freier agieren, uns auf das konzentrieren, was wir wirklich gut können oder gern machen, und kommen als Gründer*innen-Team schneller voran.

Und selbst, wenn's mal hakt, wenn Schwierigkeiten auftreten, lassen sich diese gemeinsam besser lösen, weil jede*r über andere Erfahrungen, Denkmuster und Fähigkeiten verfügt. Wie in einer Liebesbeziehung, in der jede*r Partner*in einen Teil zum Ganzen beiträgt und man sich ergänzt. Was wir allein nicht schaffen, das schaffen wir eben zusammen. Auch, weil wir uns gegenseitig stützen können. Je nachdem, wer gerade was braucht. Ist der eine gerade erschöpft, kann die andere Kraft spenden und motivieren. Durch dieses gegenseitige abwechselnde »Ich-geh-voran-und-zieh-dich-mit«-Spiel können wir alle Täler durchqueren, die unseren Weg kreuzen.

Jeder weitere gemeinsam verbrachte Tag und jede neue durchgestandene Erfahrung, von denen manche teilweise sehr tief gehen, schweißt uns enger zusammen. Gerade nach überstandenen Krisen oder gelösten schwierigen Situationen sind wir noch enger miteinander verbunden als in Zeiten, in denen durchgängig die Sonne scheint. Beides gehört dazu und beeinflusst nicht nur uns als einzelne Gründer*innen, sondern auch uns als Gründer*innen-Team.

Das Gründen mit einem*r Partner*in hat neben den vielen emotionalen Vorteilen aber auch ganz praktische Vorzüge. Beispielsweise können wir wirklichen Urlaub machen, weil in unserer Abwesenheit unser*e Partner*in das Unternehmen betreut und als Ansprechpartner*in sowie Entscheider*in fungieren kann. Während Allein-Unternehmer*innen niemals richtig Urlaub machen, weil sie auch in ihrer freien Zeit informiert werden beziehungsweise entscheiden müssen, können Gründer*innen-Teams in ihrer Urlaubszeit wirklich entspannen und Kraft tanken. Gleiches gilt natürlich für den Fall, dass man krank ist oder einfach mal eine Pause oder gar eine Auszeit braucht. Als Team ist man somit nicht nur durch die gemeinsame Arbeit schlagkräftiger, sondern auch, wenn eine*r mal nicht da ist, weil jeder Mensch auch einmal Abstand vom Geschäft benötigt, um die Batterien aufzufüllen.

Mit dem*r richtigen Mitgründer*in an unserer Seite sind wir somit freier, als wir vielleicht denken, und ebenso flexibler. Und auch unser Unternehmen profitiert vom gemeinsamen Wirken. Diese jederzeitige Handlungsfähigkeit verleiht unserem Unternehmen eine unverzichtbare Stabilität – und uns ebenso, weil wir wissen, dass es in guten Händen ist, wenn wir mal nicht da sind.

Den*die richtige*n Geschäftspartner*in finden

Bei all den bereits aufgeführten Vorteilen, das eigene Unternehmen gemeinsam mit (zumindest) einem*r Geschäftspartner*in zu gründen: Wie gelingt es uns, den*die Richtige*n zu finden? Nicht jeder Mensch, mit dem wir privat gut auskommen oder befreundet sind, eignet sich auch, um mit ihm*r ein Unternehmen aufzubauen und zu führen.

Einerseits können wir natürlich in unserem Freundes- und Bekanntenkreis auf die Suche nach einem*r geeigneten Geschäftspartner*in gehen. Es ist auf jeden Fall von Vorteil, wenn man sich bereits mit allen Stärken, Schwächen und Eigenheiten kennt und sich gegenseitig zu nehmen weiß. Eine gute menschliche Ebene ist eine sehr wichtige Basis für eine erfolgreiche Partnerschaft. Nicht umsonst ist einer der drei Hauptgründe, warum Unternehmen scheitern, das Verhältnis der Inhaber*innen und Geschäftsführer*innen untereinander.

Sich zu mögen und zu schätzen ist somit eine gute Basis, und so ist es nicht verwunderlich, dass viel Gründer*innenteams sich schon aus Schul- oder Studienzeiten kennen oder vorher gemeinsam in einem Unternehmen gearbeitet haben. Wenn wir mit dem*r anderen gern Zeit verbringen und uns auch privat treffen, ist es leichter, beruflich zusammenzuarbeiten.

Natürlich kann uns der Weg aber auch auf anderen Ebenen zueinander führen. Aus Menschen, die wir beruflich kennen und schätzen, können erst Geschäftspartner*innen und dann Freund*innen werden. Ganz gleich, wie wir unsere*n ideale*n Geschäftspartner*in finden: Idealerweise teilen wir mit ihm*r eine gemeinsame Vision, identische Ziele, wollen die gleichen Probleme lösen, etwas Bestimmtes verbessern. Denn über der Freundschaft sollte, wenn man unternehmerisch zusammenwirkt, immer das Unternehmen stehen. Schließlich ist dies für beide der Hauptgrund des Gründens.

Natürlich ist es ebenso von Vorteil, wenn beide die gleichen oder zumindest ähnliche Werte teilen, denn diese fließen – bewusst oder unbewusst – immer mit in den Unternehmensalltag ein. Sind sie zu weit auseinander oder sogar konträr, kann dies nicht nur das Unternehmen auseinanderreißen, sondern auch die Freundschaft.

Bei allem gewünschten Gleichklang ist es dennoch wichtig, dass jeder seine Stärken, Kompetenzen und Herangehensweisen einbringen kann. Denn Gründer*innen-Teams sind immer dann erfolgreich, wenn sie sich ergänzen. Wenn sich zum Beispiel ein Zahlenmensch und ein Kreativgeist zusammentun. Eine menschenliebende Führungspersönlichkeit und ein*e am liebsten allein arbeitende*r Tüftler*in. Oder ein Organisationstalent und ein Akquisitionsgenie. Wenn jede*r die individuellen Stärken, Talente und Neigungen unternehmerisch ausleben kann, wird sich dies zum Wohle des Unternehmens auswirken – und ebenso zum Wohle jedes Einzelnen.

Beispiele hierfür gibt es unzählige. Das wohl bekannteste sind Steve Jobs und Steve Wozniak, die sich unter anderem durch ihren technisch-handwerklichen (Wozniak) und visionär-verkäuferischen Genius (Jobs) perfekt ergänzten und so die unglaubliche Erfolgsgeschichte von Apple erst möglich machten.

Das wohl Wichtigste am Gründen zu zweit (oder mehreren) ist: der Austausch. Stellen Sie sich einmal vor, Sie hätten niemanden, mit dem Sie Ihre Gedanken und Empfindungen besprechen könnten. Ihre Sorgen und Ängste, Ziele und Wünsche. Wie einsam und tot wäre das Leben ohne das Teilen unserer inneren Denk- und Gefühlswelten?

Es ist die Auseinandersetzung mit uns selbst, anderen und den Aufgaben, die vor uns liegen, die uns erkennen lassen, wer wir sind, was wir wollen und was zu tun ist. Gespräche und Diskussionen bringen uns voran. Die meisten von uns brauchen sie gar zwingend, um über die gesprochenen Worte ihre eigenen Gedanken zu klären. Sir Arthur Conan Doyle, der Be*gründer* der legendären Figuren Sherlock Holmes und Doktor Watson, brachte dies so wunderbar in einem Dialog auf den Punkt. Holmes hatte, mal wieder, einen Fall im Alleingang gelöst, woraufhin Watson ihn fragte, wozu er ihn eigentlich brauche, wenn er doch eh alles allein machte. Daraufhin sagte Holmes: »Aber Watson: Sie sind die Leinwand, auf der ich male.«

Wir alle brauchen, selbst wenn wir hochbegabt oder hyperintelligent sind, andere Menschen, denen wir von unseren Ideen berichten, mit denen wir Lösungen diskutieren, Alternativen andenken können. Vier Augen sehen mehr als zwei, wissen wir. Oft denken auch zwei Köpfe mehr (und besser) als einer. Das gilt vor allem bei blinden Flecken, also dem, was wir aufgrund unserer Erfahrung oder Glaubenssätze nicht denken können (oder wollen). Meist sind es gerade die Gegenpositionen, das Ungesehene, die das Ganze in einem anderen Licht erscheinen lassen und dabei helfen, noch bessere Entscheidungen zu treffen. Dabei darf es ruhig auch einmal heiß hergehen, dürfen wir uns auf der Suche nach der besten Lösung streiten, uns argumentativ aneinander reiben. Da Reibung bekanntlich Wärme erzeugt, kann dies nicht schaden.

Freundschaften mit Menschen, die unserem Unternehmen verbunden sind

Über unsere Arbeit lernen wir glücklicherweise viele Menschen kennen. Vor allem unsere Mitarbeiter*innen, mit denen wir teilweise täglich und sehr intensiv zusammenarbeiten. Wir erleben sie oftmals viele Stunden am Tag, lernen sie wertzuschätzen, und auch hieraus können sich natürlich Freundschaften ergeben. Aufgrund der Tatsache, dass wir Chef*in sind, müssen wir jedoch aufpassen, mit wem wir uns wann wirklich wie intensiv befreunden, damit die Arbeit nicht leidet.

Im Rahmen unserer Tätigkeiten dürfen wir jedoch noch viele weitere Menschen kennenlernen. Seien es Kund*innen, Kooperationspartner oder Zulieferer. Überall gibt es Menschen, mit denen wir uns anfreunden können, wenn wir wollen. So entstehen über das Unternehmen manch private Verbindungen, die über Jahre halten, wachsen und für beide Seiten ein emotionaler Gewinn sind – weit über das Geschäftliche hinaus.

> **»Ja, aber…«**
>
> *»Was ist, wenn es Unstimmigkeiten oder gar Streit mit meinem*r Geschäftspartner*in gibt und unsere Freundschaft darunter leidet oder droht zu zerbrechen?«*
>
> Ein Unternehmen zu führen ist teilweise vergleichbar mit einer Partnerschaft. Bei beidem kommt es darauf an, sich niemals als Gegner oder gar Feinde anzusehen, sondern als sich ergänzende Einheit, verbundene Gemeinschaft. Wenn wir mit dem*r anderen an unserer Seite stärker und glücklicher sind, können wir auch Unstimmigkeiten leichter klären.

Wenn wir wissen, dass dem*r anderen die (unternehmerische) Partnerschaft im Kern essenziell wichtig ist und sie unbedingt bewahrt werden soll, ist alles andere darum herum lösbar.

Indem wir auch unsere eigenen Fehlbarkeiten mit in die Waagschale werfen, zugeben, dass auch wir nicht immer wissen, was das Richtige ist, gehen wir ein Stück auf die anderen zu. So können wir auch fünfe gerade sein lassen, weil unser/e Geschäftspartner*in sich in einer permanenten unternehmerischen (Weiter-)Entwicklung befindet, wie wir selbst.

Besinnen wir uns immer wieder auf den Kern unserer unternehmerischen Beziehung, das Gründen und Führen des Unternehmens, werden wir immer eine Lösung finden, weil uns das große Ziel am Horizont vereint, unsere Vision. Haben wir dies im Blick und unsere Freundschaft im Herzen, halten uns auch keine Steine auf, die jeden Unternehmensweg pflastern, weil wir sie gemeinsam aus dem Weg räumen.

Vom Glück des Gründens

Ein Gastbeitrag von Günter Faltin

Gründen soll glücklich machen? Ja, glücklich. Ich habe es an mir selbst beobachtet – und an jenen meiner Student*innen, die selbst ein Unternehmen gegründet haben. Dabei sind nicht nur neue Unternehmen entstanden mit besseren Produkten oder Dienstleistungen. Es sind auch neue Menschen entstanden. Sie sind fokussierter, lernfähiger, kommunikationsfreudiger geworden. Sie sind optimistischer, lebenstüchtiger und ja, sie sehen sogar besser aus.

Nichts, auch nichts entfernt Vergleichbares hat sich positiver auf die Persönlichkeit meiner Student*innen ausgewirkt, als den Weg in Richtung Unternehmensgründung einzuschlagen. Ich kann den Prozess sogar im Einzelnen beschreiben – an mir selbst. Bei meiner Idee zum Thema Tee, aus der schließlich die »Teekampagne« wurde, begann es mit einer Fokussierung: Plötzlich bekam ich einen »Teeblick«. Ohne mich irgendwie anstrengen zu müssen, nahm ich alles auf – und zwar begierig –, was mit Tee zu tun hatte. Wenn ich eine Ladenzeile entlang ging, blieb mein Blick an Teegeschäften hängen – ganz wie von selbst; ich studierte die Auslagen wie ein Kind und nahm ganz nebenbei viele Details wahr, gewann zügig Kenntnisse, ja sogar Spezialwissen. Kein Kurs über Tee, keine noch so anschauliche

Lernsequenz hätte effektiver sein können. Plötzlich erhält die eigene Aufmerksamkeit eine Richtung, einen Sinn.

Das gleiche Phänomen zeigte sich bei meinen Student*innen. Aus der Unbestimmtheit der Studentenexistenz entsteht plötzlich ein zielgerichtetes Schauen, ein nachhaltiges Interesse an einem Gegenstand. Die Fokussierung scheint nicht mit dem üblichen Pflichtenkatalog des Studiums zu konkurrieren, sondern eher mit der Freizeit. Wo andere Jugendliche oder Erwachsene ihre Zeit mit Nebensächlichem verbringen, gestalten auf den Geschmack gekommene Entrepreneur*innen ihre ökonomische Zukunft. Und dies nicht, weil ein moralisierender Vater oder eine andere Autorität dies erzwingen möchte, sondern wie von selbst. *Self-directed learning* nennt es die moderne Pädagogik – eine ideale Voraussetzung des Lernens, die sie aber bei ihrer eigenen Klientel nur in Ausnahmefällen schaffen kann.

So schön es auch ist, mit einer Gründung Erfolg zu haben – das Glück, das Leuchten in den Augen, entsteht schon früher; es entsteht zu einem Zeitpunkt im Gründungsprozess, zu dem noch überhaupt nicht klar ist, ob die neue Unternehmung überhaupt Erfolg haben wird. *It's about passion*, sagen Entrepreneur*innen, die es selbst erlebt haben. Passion, das ist die Lust, neue Wege zu suchen und zu beschreiten, aber auch Sinn zu finden und bei sich selbst zu sein.

Im Kern geht es um Gestaltung. Wir entwerfen und gestalten unser eigenes Leben und nehmen damit Einfluss weit über uns selbst hinaus, ob wir das wollen oder nicht. Der Mensch ist nicht nur *homo oeconomicus*, sondern auch Zoon politikon, ein soziales Wesen. Das Streben nach Glück ist mehr als nur Maximierung des Konsums, die Suche nach dem eigenen Nutzen ist mehr als nur Profitmaximierung.

Ich verwende für den Gründungsprozess gerne eine Formulierung, die auch dieses Glücksgefühl umfasst: »Man bringt ein Ideenkind zur Welt.« Sie tragen es in sich, es wächst in Ihnen heran, es macht Ihnen Sorgen, es macht Ihnen Freude, es wird Ihr Leben völlig verändern, wenn es erst einmal das Licht der Welt – beziehungsweise des Marktes – erblickt hat. Ja, es verändert Ihr Leben schon jetzt, wo noch niemand davon weiß außer Ihnen selbst.

Ich habe keine biologischen Kinder; aber ich habe in meinem Leben viele Ideenkinder zur Welt gebracht. Jedes ist anders. Jedes wirft andere Probleme auf, einige sind sehr erfolgreich, andere weniger. Aber an jedem hatte ich meine Freude, als es heranwuchs.

Über den Gastautor

Günter Faltin, Jahrgang 1944, ist Professor für Entrepreneurship und selbst Entrepreneur. Zu seinen Gründungen (den »Ideenkindern«) gehören die Teekampagne (1985) und RatioDrink (2006), als Business Angel hat Faltin unter anderem ebuero und Waschkampagne begleitet. Sein Bestseller »Kopf schlägt Kapital« hat eine ganze Gründer-Generation geprägt. Die von ihm 2001 gegründete Stiftung Entrepreneurship veranstaltet einmal jährlich den »Entrepreneurship Summit« in Berlin. Günter Faltin lebt und lehrt in Berlin und Chiang Mai (Thailand).

»Das wahre Geheimnis des Erfolgs
ist die Begeisterung.«

Walter Percy Chrysler

7

Sich über die leuchtenden Augen der Kund*innen freuen

Das Leben anderer verschönern.
Menschen helfen, ihre Probleme zu lösen.
Menschen ermöglichen, ihre Träume zu verwirklichen.
Die Welt ein kleines Stück besser machen.

Für uns Gründer*innen gibt es viele wundervolle unternehmerische Ziele, bei deren Erreichen wir mit unseren Produkten beziehungsweise Dienstleistungen helfen können. Bewusst angestrebt, unbewusst mit erreicht. Dabei ist es gar nicht entscheidend, ob wir uns aufmachen, die ganz großen Probleme unserer Welt zu lösen oder die ganz kleinen Herausforderungen des Alltags. Wichtig ist, dass wir mit dem, was wir tun beziehungsweise anbieten, einen Mehrwert bieten. Denn nur dann sind wir eingebunden in den natürlichen Kreislauf des (Unternehmens-)Lebens, sind wichtig für andere und tragen auf unsere Art unseren Teil dazu bei, dass sich etwas bewegt. Je mehr Nutzen wir mit unserem Unternehmen und unseren Angeboten stiften, desto erfüllender ist es. Für andere und für uns selbst.

Der spürbare Sinn unseres Wirkens ist unser unternehmerisches Fundament, unsere Existenzberechtigung und unsere sprudelnde Glücksquelle, wenn wir erleben, wie unsere Angebote bei unseren Kund*innen für sichtbare Verbesserungen und positive Feedbacks sorgen. Diese wohltuende

Resonanz geht oft einher mit gut gefüllten Kalendern und Auftragsbüchern oder hohen Verkaufszahlen und sorgt somit nicht nur für ein Lächeln, sondern auch für einen wachsenden Kontostand.

Unbezahlbar jedoch sind die Glücksgefühle, der Stolz, wenn wir von unseren Kund*innen aus erster Hand erfahren, was wir mit unserem Er- und Geschaffenen ganz konkret bei ihnen ausgelöst haben. Wenn unsere Produkte begeistert angewandt werden, unsere Dienstleistungen für dankbare Verbesserungen sorgen und sogar aktiv nachgefragt werden, offenbart sich, wie richtig der Schritt in unser Unternehmer*innentum war – und wie wichtig er auch für andere ist.

Es ist unbeschreiblich schön, wenn uns immer wieder neue positive Feedbacks via Mail, Social Media, Telefon oder sogar aus persönlichen Gesprächen erreichen. Sie sind der Applaus, den wir Gründer*innen nach getaner Arbeit benötigen wie Künstler*innen. Ebenso wie sie erfahren wir immer wieder aufs Neue, wie erfüllend es sein kann, etwas zu erschaffen, wie unabdingbar es jedoch ist, dass uns jemand dabei beobachtet und wahrnimmt, was wir leisten.

Was wären Maler*innen ohne Menschen, die ihre Gemälde betrachten, bestaunen und möglichst auch kaufen?

Was wären Schauspieler*innen, Musiker*innen, Sänger*innen ohne Publikum, ohne deren Staunen, Lachen, Weinen, Klatschen?

Und was wären wir Autor*innen, wenn Sie diese Zeilen nicht lesen und (hoffentlich) zu eigenen Erkenntnissen kommen würden?

Kunst, die niemand sieht, ist ebenso brotlos, wie es Produkte sind, die niemand kauft, Dienstleistungen, die niemand in Anspruch nimmt, und Unternehmen, die niemand wahrnimmt. Jeder wünscht sich, wahrgenommen zu werden – am besten positiv und so oft wie möglich.

Auch wir Gründer*innen leben davon, dass das, was wir mit unserem Unternehmen verfolgen, auf Resonanz stößt. Der Drang nach Aufmerksamkeit, Wahrnehmung ist ein Urbedürfnis des Menschen wie das Essen und Trinken. Dies erkennen wir bereits bei unseren Jüngsten, wenn Kinder ihren Eltern ein selbst gemaltes Bild zeigen oder etwas Selbstgebasteltes, buhlen sie ganz von selbst um die Augen und Ohren anderer. »Mama, Papa, guckt mal!« Meist strahlen nicht nur die Augen der Kinder, sondern ebenso die der Beschenkten. Stolz auf das Selbsterschaffene kann und sollte sogar abfärben.

Der Mehr-Wert unserer Angebote

Positive Feedbacks erfreuen aber nicht nur unsere Eitelkeit und unser Konto, sie helfen auch unserer Persönlichkeit, da wir unsere eigenen (Mehr-)Werte oftmals erst sehen, wenn wir die Perspektive der anderen einnehmen. Wir brauchen andere Menschen, um an ihrer möglichst konstruktiven Kritik wachsen zu können. Das Wundervolle als Gründer*innen ist, dass wir sehen und miterleben können, was genau wir durch unser Wirken bei anderen bewirken. Zum Beispiel, wenn wir als Dienstleister*innen tätig sind. Stellvertretend für die vielen wunderbaren Berufe, aus denen wir uns den zu uns passenden wählen dürfen, folgen exemplarisch ein paar Beispiele, an denen wir erkennen können, was wir mit unserem Schaffen für andere schaffen.

Arbeiten wir zum Beispiel als Chiropraktiker*in und werden von jemandem aufgesucht, weil dessen Rücken schmerzt, ein Nerv eingeklemmt ist oder er sich kaum bewegen kann, dann sorgen wir im besten Fall dafür, dass er sich wieder schmerzfrei bewegt. Dies wiederum bedeutet jedoch viel mehr, zum Beispiel dass die Person wieder arbeiten, mit den Kindern Fußball spielen, dem eigenen Hobby nachgehen kann oder, oder, oder. Wir haben dem Menschen einen Dienst erwiesen, der weit über die erbrachte Leistung hinausgeht.

Wenn wir als Tischler*in tätig sind und jemand einen Tisch bei uns in Auftrag gibt für sein Wohnzimmer, dann stellen wir ihm nicht nur eine Platte mit vier Beinen her (so schön sie auch sein mag). Wir sorgen dafür, dass sich beispielsweise die Familie zum Essen versammeln kann, zusammen klönt, lacht, spielt … Oder dass man mit Freunden zusammensitzen und schöne Abende genießen kann. Oder, oder, oder.

Sind wir hingegen Inhaber*in eines Blumenladens, versorgen wir unsere Kund*innen nicht bloß mit floralen Kostbarkeiten. Wir helfen ihnen dabei, ihre*n Liebste*n zu überraschen, sich wieder zu versöhnen, sich bei jemandem zu bedanken oder auch die eigene Wohnung bunter zu gestalten und für frischen Duft und gute Laune zu sorgen.

Bei uns als Gastronom*in wiederum bedienen wir unsere Gäste vordergründig zwar mit Essen und Getränken, stillen Durst und Hunger. Ganz nebenbei sorgen wir auch dafür, dass sich Menschen bei uns treffen, sich daten, nach jahrelanger Funkstille wieder zusammenkommen, ihre Sorgen austauschen, Sorgen vergessen, in Erinnerungen schwelgen, lachen und, und, und.

Bieten wir unsere Dienste als Werbedesigner*in an und gestalten für unsere Auftraggeber*innen allerlei Dinge, dann helfen wir ihnen dabei, dass sie sich gut nach außen präsentieren, neue Kund*innen gewinnen, ihre Produkte beziehungsweise Dienstleistungen verkaufen und dadurch ihre Existenz sichern, sich ihr Haus leisten, mit der Familie in den Urlaub fahren können oder, oder, oder.

Gleiches gilt für unsere Produkte. Auch mit ihnen bieten wir offensichtliche Vorteile, aber immer auch einen tiefergehenden Nutzen. Wenn wir bereits als Gründer*innen verstehen, dass wir meist viel mehr anbieten als das Sichtbare, werden nicht nur unsere Augen heller und häufiger leuchten, sondern auch die unserer Kund*innen. Denn dann werden wir bei allem, was wir anbieten, stets darauf achten, welchen Nutzen es für andere hat.

Bei einer Gore-Tex-Jacke sehen viele nur den wasserabweisenden Stoff als Vorteil, dabei ist er das Merkmal. Der Vorteil ist unter anderem, dass man bei Regen nicht nass wird, wenn man eine solche Jacke trägt. Entscheidend ist jedoch der Nutzen. Dieser ist beispielsweise, dass man so auch im Regen joggen kann und trotzdem trocken bleibt.

Das Wissen, was unsere Angebote konkret bei anderen an Verbesserungen bewirken, ist nicht nur die essenzielle Quelle für Verkaufsargumente, sondern auch ein Glücksfaktor für uns selbst. Denn jedes Mal, wenn unsere Angebote sich mit dem Leben unserer Kund*innen verbinden, sich gar nahtlos darin einfügen, können wir aus dieser positiven Wirkung neue Kraft schöpfen. Mit unseren Angeboten werden wir ein wichtiger Bestandteil im Leben anderer Menschen. Wie gut, dass unser Unternehmer*innen-Leben so reich ist an einzigartigen, wenn auch durchaus unterschiedlichen Feedback-Momenten, die uns gute Laune bescheren.

Feedbacks sind der Goldstaub des Glücks

Die Aufregung ist unbeschreiblich, wenn die Produkte beziehungsweise Dienstleistungen zum allerersten Mal an die Kund*innen gehen! Dies geschieht meist in Form einer Testphase, bevor man damit offiziell hinausgeht in die Welt. Oftmals sind es unsere Freund*innen, an denen wir unsere Angebote ausprobieren, um dadurch wichtiges Feedback zu erhalten. Bestätigung für das, was gut ist. Anregungen für das, was noch verbessert werden kann. Voller Adrenalin warten wir auf die ersten Meinungen, sitzen voller Anspannung und Neugierde auf heißen Kohlen.

»*Und: Wie gefällt's dir? Alles gut? War alles in Ordnung? Hat's geklappt? Hat's dir geholfen? Würdest du das kaufen? Würdest du das weiterempfehlen?*«

Wir hoffen, dass alles gut ankommt, und sind erleichtert, wenn dies eintritt. Spüren die ehemals schweren Steine, die uns vom Herzen fallen, und fühlen uns bestärkt weiterzumachen. Und selbst, wenn es hier und da noch nicht so angekommen ist wie gewünscht, können wir dankbar sein für die gut gemeinten Tipps, durch die wir viel Wichtiges erfahren und dazulernen. Doch das gehört unweigerlich zum Gründen dazu: das häufige Pendeln zwischen himmelhoch jauchzend und zu Tode betrübt. Mal sind wir glückstrunken, weil alles perfekt läuft. Mal liegen wir verzweifelt am Boden.

Selbstständig zu sein, ein Unternehmen aufzubauen und zu führen ist vergleichbar mit einer Liebesbeziehung, bei der es auch immer wieder Ups and Downs gibt und man immer mal wieder das Gefühl hat, kurz vor einem wunderbaren Hoch zu stehen oder vor einem schrecklichen Tief. Gerade die Anfangszeit des Gründens ist voller Premieren und damit verbundenem Fieber(n).

Die Gefühlsachterbahn rast immer mal wieder hinauf in den Himmel der Glückseligkeit, um sich kurz darauf wieder in den freien Fall zu begeben. Als Gründer*innen kommen wir eben in den Genuss, die volle Bandbreite der Emotionen auszukosten. Wir erleben An- und Entspannung, positiven wie negativen Stress, Glück und Unglück, Kraft und Erschöpfung. Doch egal, was geschieht, eines kann uns niemand nehmen: die Gewissheit, auf der eigenen Achterbahn zu fahren und darauf immer weiter voranzukommen.

Mit jedem verkauften Produkt, jeder erbrachten Dienstleistung, jedem neuen Feedback werden wir besser, pendeln uns immer mehr ein und lernen sowohl, die Tiefen abzufedern, als auch die Höhen voll auszukosten und als Trampoline zu nutzen, um in neue Sphären zu springen.

Wenn unsere Produkte beziehungsweise Dienstleistungen unser Unternehmen verlassen und in der Welt wirken, sind wir es, die ihren Weg erfüllt und stolz begleiten. Je mehr Sinn wir stiften, je größer der Nutzen für andere ist, desto mehr Bestätigung werden wir in finanzieller und in emotionaler Form erfahren. Das Wichtigste jedoch ist die Erkenntnis, dass wir unsere Angebote trotz mancher Hürden und Widrigkeiten genau dorthin gebracht haben, wo sie hingehören: zu unseren Kund*innen. Im besten Fall werden wir und unsere Angebote sogar aktiv weiterempfohlen, was wohl die höchste Anerkennung für uns und das Unternehmen ist.

»Ja, aber...«

»Und was ist, wenn meine Angebote Kritik ernten oder gar nicht gut ankommen?«

Als Gründer*innen sollten wir so schnell wie möglich lernen, zwischen Geschmackssache und konstruktiver Kritik zu unterscheiden. Es ist vollkommen okay, wenn Menschen bei der Nutzung unserer Angebote sagen: »Gefällt mir nicht. Brauche ich nicht. Nichts für mich.«

Auch wir brauchen oder mögen nicht alles, was angeboten wird. Trotzdem tut es gerade am Anfang weh, weil man als Gründer*in die eigenen Angebote natürlich klasse findet und es daher doppelt wehtut, wenn andere das anders sehen. Aber von Geschmack müssen wir uns nicht kränken lassen. Was dem einen gefällt, missfällt dem anderen. Das ist vollkommen okay und natürlich. Meist ist es zudem sogar ein Segen, denn wenn wir genauer hinsehen, erkennen wir oft, dass der oder die mit dem anderen Geschmack gar nicht zu unserer Zielgruppe gehört. Daher lässt sich dessen*deren Feedback eher als Meinung einstufen. Wenn ein Heavy-Metal-Fan auf ein Schlagerkonzert geht, sind ja auch keine Begeisterungsstürme zu erwarten.

Anders verhält es sich, wenn an den Angeboten sachliche, fachliche Kritik geäußert wird. Jedes Argument, das über eine emotionale Aussage wie »Gefällt mir nicht« hinausgeht, kann unsere Angebote voranbringen, sie besser machen – und damit auch unser Unternehmen. Daher sollten wir alles Konkrete aufnehmen, hinterfragen, versuchen zu verstehen und es, wenn es sinnvoll erscheint, auch umsetzen.

Nichts sollte in Stein gemeißelt sein. Selbst die größten Erfindungen unserer Welt sind heute nicht so wie am Anfang ihrer Laufbahn. Schauen Sie sich nur Autos an, Häuser, Handys. Sie alle haben sich mit der Zeit verändert, sich neuen Anforderungen und Gegebenheiten angepasst. Auch, wenn wir als Gründer*in schon zu Beginn denken, dass unsere Angebote perfekt seien: Sie sind es öfters nicht. Ebenso wenig wie wir. Und das ist gut so, denn alles Perfekte erlebt nur einen ewigen Stillstand, lebt nicht mehr, weil es sich nicht verändert. Das Leben ist permanent im Fluss. Unsere Angebote sollten ebenfalls fließen und sich verändern – genau wie wir selbst.

Von daher ist jede konstruktive Kritik eine Chance für unsere Angebote, lebendig zu bleiben und am sich immer weiter verändernden Leben anderer teilzuhaben – heute, morgen und übermorgen.

Vom Glück des Gründens

Ein Gastbeitrag von Sven Goik

Einen knallroten Ferrari fahren, den wahnsinnigen Sound erleben, über die Straße gleiten – das wäre was. Aber wie viele Ferrari-Fahrer träumen noch von einem Ferrari, während sie drinsitzen und fahren?

Ich träume ebenfalls – von meiner eigenen »richtigen« Firma.

Aber ab wann habe ich eine richtige Firma? Nach der Handelsregisteranmeldung? Mit dem*r ersten Angestellten, dem ersten fertigen Produkt, dem*r ersten Kund*in, dem ersten Umsatz oder dem ersten Gewinn? So ganz weiß ich das nicht. Ab wann sollte ich also glücklich sein, ab wann zufrieden oder sogar ein wenig stolz?

Viele Leute haben mir abgeraten, den Schritt in die Selbstständigkeit zu gehen und das vermeintlich Sichere aufzugeben. Sie haben mir andere Wege und Alternativen in die nächste Sicherheit aufgezeigt. Interessanterweise sind es jetzt genau diejenigen, die mir zum aktuellen Erfolg gratulieren und im gleichen Atemzug ausführen, dass sie ebenfalls schon lange über eine Selbstständigkeit nachdenken, die aus vielen Gründen nicht umsetzbar ist. Macht mich das glücklich? Nein. Die anderen unglücklich? Vielleicht. Glauben Nicht-Unternehmer*innen etwa, dass Unternehmer*innen glücklicher sind?

Erfolg und Misserfolg wechseln sich in einem Start-up schnell ab. Ebenso Verzweiflung und Euphorie. Dies führt bei mir zu einem intensiven Erleben: Die gemeinsamen Tage und teils langen Nächte im Team, während wir gemeinsam darüber sinnieren, wie großartig es wäre, den nächsten Schritt zu gehen, das nächste Hindernis zu überwinden. Gemeinsam hart zu arbeiten, zu grübeln, zu diskutieren, zu streiten, sich gegenseitig in den Armen zu liegen, zu probieren, hinzufallen und wieder aufzustehen. Die Aufregung zu spüren, die Anspannung, die Energie, die entsteht. Es ist wie diese Freude und der Nervenkitzel vor Weihnachten, die ich bei meinen kleinen Kindern erlebe. Diese ehrliche, ungebremste Freude – das macht mich glücklich.

Es gibt keine Ausreden mehr. Alles hängt an mir. Ich habe unendliche Möglichkeiten. Ich kann so sein, wie ich bin. Das macht frei, unbeschwert und einen riesigen Spaß. Ist Gründen vielleicht ein Ego-Ding beziehungsweise die pure Überzeugung, etwas Großartiges zu erschaffen? Es sich selbst und der Welt zu beweisen? Jeden Tag fälle ich unzählige kleine und große Entscheidungen, die mir nicht alle leichtfallen und mir teils meine Grenzen aufzeigen. Manche will ich gar nicht wahrhaben. Ich habe schnell gelernt, dass ich ein Team unterschiedlicher Personen um mich herum brauche. Klar, Fachkenntnis ist wichtig. Viel wichtiger ist jedoch, dass diese Personen an meine Idee glauben, voller Zuversicht und Optimismus, und meine Werte teilen. Halten sie das Gleiche für anständig? Lehnen sie die gleichen Dinge ab? Ich umgebe mich mit Menschen voller Zuversicht, mit der nötigen Fachkenntnis, die Dinge können, die ich nicht kann, von denen ich lernen kann und muss, die meine Werte teilen. Der Erfolg kommt irgendwie von allein. Misserfolg gibt es in einem Start-up ja auch eigentlich nicht; hier heißt das Lernen. Wie kann ich da nicht glücklich sein?!

Macht Gründen glücklich? Ja, tut es. Habe ich eine eigene richtige Firma? Weiß ich immer noch nicht. Wann habe ich die denn? Ich hoffe nie.

Statt Ferrari fahre ich im Übrigen ein knallrotes Rennrad. Ohne Sound. Macht auch glücklich.

Über den Gastautor

Sven Goik, Jahrgang 1980, wohnt mit seiner Frau und seinen zwei Kindern in Münster. Vor der Gründung von stylink war er zehn Jahre Partner bei einem Private Equity Fonds sowie Vorsitzender als auch Mitglied mehrerer Unternehmensbeiräte im deutschen Mittelstand. Er hat einen Masterabschluss in Business Management der WWU Münster. stylink ist eine der größten Vergütungsplattformen für etwa 100.000 Influencer*innen aus Deutschland, Österreich, der Schweiz, Großbritannien, Irland, den Beneluxstaaten, Frankreich, Australien und den USA.

»*Wir sind hier, um eine Kerbe in diesem Universum zu hinterlassen. Was sollten wir sonst hier?*«

Steve Jobs

8

Sein Unternehmen wachsen sehen

Wachstum. Entfaltung. Reife.
Etwas Unbeschreibliches, Wundervolles schwingt in diesen Worten mit. Das unausgesprochene Versprechen von etwas (noch) Schönerem, Besserem. Alles, was wächst, entwickelt sich weiter. Wie wahr dies ist, können wir selbst am eigenen Leib erfahren. Wissen Sie noch, wie Sie mit zehn Jahren aussahen? Was Sie gedacht und gemacht haben? Und wie anders waren Sie mit 20, wie erneuert Ihre Ansichten, Vorstellungen, Wünsche? Oder mit 30, 40, 50…?

An uns selbst erkennen wir am besten, wie Wachstum funktionieren kann, im besten Fall auch Entfaltung und Reife. Wir verändern uns mit jedem neuen Lebensjahr hinsichtlich unseres Aussehens, unserer Persönlichkeit, Bedürfnisse und Prioritäten. Es ist spannend, für ein paar Augenblicke zurückzuschauen und uns selbst in unseren unterschiedlichen Entwicklungsstufen zu betrachten.

Was wussten wir zum Beispiel vor zehn Jahren noch nicht, was wir heute zu unserer Freude wissen?

Was tun wir heute, das uns guttut, was wir früher nicht getan haben? Und was lassen wir heute bleiben, weil wir wissen, dass es uns schadet, oder wir es nicht (mehr) brauchen?

Erfahrungen prägen uns. Erlebnisse prägen unser Leben. Wir sind die Summe von all dem, was wir gedacht, getan und gefühlt haben. Jede*r von uns verfügt über einen eigenen riesigen Schatz an unterschiedlichen Prägungen, den die meisten von uns nicht mehr hergeben würden. Oder würden Sie Ihr Leben gern noch einmal ganz von vorn beginnen als Baby? Oder als Teenager?

Meist sind wir stolz auf das, was wir in unserem Leben erreicht haben, wer wir heute sind – trotz oder gerade auch wegen der Rückschläge, die das Leben für jede*n von uns bereithält, damit wir daran wachsen und uns »ent-wickeln« können. All das Erlebte ist unser Fundament für die Zukunft, auf die viele von uns gespannt blicken und sich fragen: »*Was erwartet mich in Zukunft? Worauf darf ich mich freuen? Welche Herausforderungen habe ich zu meistern? Wie sehe ich aus in zehn oder 20 Jahren? Und wie denke ich dann, wie sieht mein Leben aus?*«

Diese neugierige Vorfreude betrifft jedoch nicht nur unseren weiteren Werdegang. Auch auf das Leben unserer Lieben blicken wir gespannt und freuen uns über die Veränderungen unserer Kinder, Enkel, Geschwister, Eltern, Freund*innen… Es ist einfach spannend, ein Teil des Wachstums anderer sein zu dürfen. Ebenso, wie vom »Erwachsen« eines Unternehmens.

Auch unser Unternehmen wächst und verändert sich im Laufe der Zeit. Wie wir als Gründer*in durchläuft es viele verschiedene Phasen, von denen alle ihre ganz einzigartige, nicht wiederholbare Magie besitzen.

Die Magie der Geburt (der Unternehmensgründung)

Bevor wir unser Unternehmensbaby der Öffentlichkeit zeigen können, muss es zuerst den Weg vom gedanklichen Wunsch in die greifbare Wirklichkeit schaffen und zumindest im Geheimen »erwachsen« können. Diese Zeit ist besonders aufregend, weil niemand von unserem Vorhaben weiß oder nur wenige Eingeweihte mitfiebern.

In dieser Zeit tun wir alles, damit unser Unternehmensbaby so schnell und so reif wie möglich das Licht der Welt erblicken kann. Wir geben ihm alles, was es für ein gesundes und munteres Leben braucht, wie einen eigenen Namen, ein Logo, Angebote mit echtem Mehrwert. Wir freunden uns immer mehr mit ihm an, gewinnen eine immer stärkere Bindung zu ihm und freuen uns immer mehr auf den Moment, in dem es endlich alle sehen.

Irgendwann ist es dann endlich so weit: Wir dürfen unser Unternehmen stolz der Öffentlichkeit zeigen. Bei manchen geschieht dies bereits am Tag der offiziellen (amtlichen) Gründung, andere feiern die »Unternehmensgeburt« am Tag der Eröffnung. So oder so erleben wir das einmalige Geschenk, unser unternehmerisches Glück mit der Welt zu teilen, positive Aufmerksamkeit zu bekommen und uns stolz für die vielen Glückwünsche zu bedanken, die uns erreichen.

Die Magie der ersten Schritte (die Startphase)

Wenn unser Unternehmen in der Außenwelt angekommen ist, möchte es auch wahr- und angenommen werden. Es möchte mit ihr kommunizieren und ein wichtiger Teil von ihr werden. Daher ist es gerade am Anfang des (Unternehmens-)Lebens so wichtig, um Aufmerksamkeit zu buhlen. Während ein Baby hierfür laute Schreie bemüht, macht ein Unternehmen fleißig Werbung und kann mit seiner Neuheit und Frische schnell zum Anziehungsmagnet für interessierte Blicke werden.

Doch auch ein Unternehmen muss irgendwann lernen, dass sich nicht alles automatisch um es dreht, nur weil es da ist oder viel für sich wirbt. Es muss eine eigene Sprache finden und herausfinden, welche Sprache die Kund*innen sprechen, damit man zueinander und sich gegenseitig gut findet. Um den eigenen Weg zu finden, muss das Unternehmen auch seine eigenen Schritte gehen und kommt nicht darum herum, wie wir als Gründer*innen, sich auszuprobieren und Fehler zu machen. Auch Unternehmen wie Gründer*innen fallen hin, müssen wieder aufstehen und lernen, anders weiterzumachen, damit es wieder (besser) läuft.

Die Leben von Menschen und Unternehmen sind einem permanenten Lernprozess unterzogen, in dem das Finden der richtigen Richtung fast immer verbunden ist mit dem vorherigen Finden der falschen Richtungen. Daher ist vor allem in den ersten Jahren viel Verständnis wichtig, in denen die Gründung und man selbst unternehmerisch laufen und sprechen lernen.

Kinderkrankheiten sind normal und für uns Menschen sogar unabdingbar, damit sich unser Immunsystem aufbauen kann. Gleiches gilt für uns als Gründer*in. Erst wenn wir alles selbst tun, lernen wir wirklich und stärken uns und unser Unternehmen, das wir als Unternehmens-Mama oder -Papa mit Freude begleiten dürfen. Denn unser Unternehmensbaby ist auf uns angewiesen und braucht unsere Hilfe. Welch ein schönes Gefühl, gebraucht zu werden! Nicht wahr?

Die Magie der eigenen Identität (sich am Markt etablieren)

Irgendwann weiß man zumindest größtenteils, was man besonders gut kann und wer man ist, als Kind wie als Unternehmer*in, wenn wir der Gründer*innen-Phase entwachsen sind. Unsere immer besser werdende Selbsterkenntnis führt auch zu einem wachsenden Zutrauen und einer größeren Strahlkraft, die zu neuen Freundschaften beziehungsweise mehr Kund*innen führt. Je mehr menschliche Kontakte wir haben und aufbauen, desto mehr wissen wir, was möglich ist, was wir wollen und was nicht. Mit dieser steigenden Klarheit fällt es uns zunehmend leichter, unseren eigenen Weg zu gehen und uns den Dingen zuzuwenden, die uns unternehmerisch wie emotional guttun.

Je älter wir beziehungsweise unser Unternehmen werden, desto festere Freundschaften und Kund*innenbeziehungen entstehen, die uns stützen. Auch Mitarbeiter*innen schenken uns Kraft, rauben uns manchmal aber auch Nerven, weil auch Unternehmer*innen nicht frei sind von (Liebes-)Kummer. Auch wir müssen Enttäuschungen hinnehmen, wenn sich lieb gewonnene Mitarbeiter*innen von uns trennen oder wir uns von ihnen.

Unsere unternehmerische Entwicklung führt uns, wie mit den Kleinsten in ihrer Kindheit, durch viele herausfordernde Phasen, die allesamt neu für uns und dadurch so aufregend sind. Sei es die Schaffung von notwendigen Abteilungen oder Unternehmensbereichen, weil unsere Anzahl der Mitarbeiter*innen wächst, die Bildung von Hierarchien, die Einführung gelebter Führung, einer Unternehmenskultur, die aufgebaut werden will und, und, und.

Die Findung der eigenen Identität verläuft weder im menschlichen noch unternehmerischen Leben ohne Ruckeln. Dafür ist es jedoch umso schöner, wenn es sich nach und nach »zurechtruckelt« – zu einem positiven Gesamtbild, auf das wir stolz sein können.

Die Magie der Revolution (etwas Neues wagen)

Irgendwann kommt bei vielen Unternehmer*innen der Punkt, ab dem es… läuft. Natürlich nicht immer perfekt und ohne etwas dafür zu tun. Aber nachdem das Unternehmen per Gründung zu Wasser gelassen wurde und danach den einen oder anderen Sturm erlebt hat, kommt man irgendwann in ruhigere Gewässer. Man hat sich die wichtigsten Regeln des (Unternehmer*innen-)Lebens erarbeitet, die größten Fehler (vermeintlich) schon hinter sich und kommt ganz gut klar.

Nicht selten beginnt dann bereits ein spannender Prozess, den man die unternehmerische Pubertät nennen könnte. Entweder beginnt man, mit allem zu hadern, was man bisher erreicht beziehungsweise getan hat, hinterfragt sich, ob's das schon gewesen sein soll mit dem Unternehmertum, ob man das so überhaupt will… Oder man verspürt die Lust, sich (noch) klarer abzugrenzen, zum Beispiel von der (mit-)gewachsenen Konkurrenz, und will noch mal etwas ganz Neues wagen, größere Veränderungen einleiten, einen anderen Unternehmenskurs einschlagen.

Seien es neue Angebote, die man entwickelt, neue Märkte, die man erobern, neue Zielgruppen, die man erschließen oder neue größere Büroräume, die man beziehen möchte. Viele Unternehmer*innen spüren irgendwann, wenn »das Kind« schon selbstständig genug ist, das Bedürfnis, noch mal neu anzufangen, dem Unternehmen einen neuen, anderen Kick zu geben. Wie schön, dass wir dazu jederzeit die Chance haben und uns die (nervigen) Begleiterscheinungen der Pubertät hierbei erspart bleiben, weil wir sie selbst gestalten können, wie wir es wollen.

Die Magie der Selbstständigkeit
(und des Etabliert-seins)

Als Menschen sind wir irgendwann so erwachsen, dass wir unsere Eltern nicht mehr zwingend benötigen, um durchs Leben zu kommen. Und auch unser Unternehmen kann irgendwann so etabliert sein, dass es »von allein« läuft, beziehungsweise aus sich selbst heraus funktioniert, ohne unser tägliches Dazutun rund um die Uhr. Wenn wir diesen Zustand erreichen, erwartet uns ein unbeschreibliches Gefühl. Zwar müssen wir dafür lernen, loszulassen, Verantwortung an andere abzugeben, zum Beispiel an unsere Mitarbeiter*innen, Geschäftspartner*innen… Aber wenn unser Unternehmen selbstständig geworden ist (oder wir es dazu ganz gezielt haben reifen lassen), haben wir zwei kostbare Dinge dazugewonnen: Konstanz und Stabilität.

Unser Unternehmen ist »sicher«, es generiert stabile kalkulierbare Einnahmen, erwirtschaftet Gewinne, verfügt über gut gebuchte Angebote, laufende eingespielte Prozesse. Dies alles bedeutet nicht, dass keinerlei Veränderungen mehr notwendig sind. Im Gegenteil. Es ist elementar, alles permanent im Blick zu behalten und zu prüfen, wo eventuell Anpassungen notwendig sind. Aber das müssen wir nicht zwangsläufig machen.

Irgendwann ist es sogar glücksfördernd, nicht permanent mit allerhöchster Aufmerksamkeit agieren, alles entscheiden zu müssen und für alles verantwortlich zu sein. Gerade weil mit unserem Unternehmen auch wir älter werden, sollten wir uns rechtzeitig überlegen, wann wir vom omnipräsenten Spielmacher auf eine andere Position wechseln, ohne dem Spiel gänzlich entsagen zu müssen. Wir können nicht auf Dauer den Laden hinten verteidigen, vorn die (Verkaufs-) Tore schießen, gleichzeitig das Spiel machen und von außen alles koordinieren. Wir selbst bestimmen, wann wir welche Rolle übernehmen und wann der Zeitpunkt gekommen ist, ab dem andere das Spiel bestimmen – und wir ihnen dabei zusehen und mit Rat zur Seite stehen.

Die Magie der gewonnenen Reife (Firmenjubiläen)

Kein*e Gründer*in weiß zum Zeitpunkt der Gründung, wie viele Jahre es das Unternehmen geben wird. Manche Unternehmen müssen viel zu schnell wieder geschlossen werden, andere bleiben länger am Leben. Und viele von ihnen dürfen sich sogar darüber freuen, runde Geburtstage zu feiern.

Vielleicht feiern auch Sie in zehn Jahren ihren ersten runden Unternehmensgeburtstag und blicken mit Freude und Stolz auf das zurück, was Sie in dieser Zeit ge- und erschaffen haben. Wenn Sie Ihr Unternehmens-Erinnerungsalbum öffnen, werden Sie sehr vieles finden, worüber Sie lachen, staunen und auch froh sein werden, es durchgestanden zu haben.

Vielleicht stehen Sie bei Ihrem 25-jährigen Firmenjubiläum auf der Bühne und halten, bejubelt von Ihrem Team, eine emotionale Rede, in der Sie die Highlights eines Vierteljahrhunderts Revue passieren lassen. Aus der heutigen Perspektive der Gründung ein Wahnsinn, oder? Aber ist es nicht wahnsinnig schön, in die Zukunft zu träumen?

Wie alt Ihr Unternehmen auch immer werden wird: Sie werden jeden einzelnen Geburtstag feiern und genießen, als wäre es Ihr eigener. Weil es in gewisser Weise auch Ihr eigener ist. Und wie Sie sich selbst und Ihr Leben bei jedem neuen Geburtstag im Spiegel betrachten, um sich bewusst zu machen, was sich wieder alles verändert hat, werden Sie auch die Entwicklung Ihres Unternehmens im Zeitablauf begleiten und sich hoffentlich mehr darüber freuen als ärgern.

Ebenso werden Sie feststellen, dass manche Wegbegleiter, die Sie und Ihr Unternehmen über einige Jahre nicht besucht haben, erstaunt feststellen werden, wie viel sich seitdem verändert hat. Wie bei Kindern, die man einige Monate oder gar Jahre nicht gesehen hat, sehen Außenstehende die Veränderungen viel deutlicher als die Eltern, die ihre Kinder täglich erleben. Gerade daher ist ein regelmäßiger Rückblick so wertvoll. Wir sehen, was schon da ist, statt immer nur auf das zu blicken, was fehlt oder was noch nicht so läuft, wie wir es uns wünschen.

So schön diese Rückblicke auch sein mögen, weil man sieht, was man geschafft hat. Das Rückbesinnen auf das Durchlebte, die Hochs und Tiefs, den Auf- und Umbau sollte immer nur eine Kraftquelle sein, um gestärkter ins Morgen zu gehen. Wie das Zurückschauen auf die bereits gegangene Wegstrecke bei einer Wanderung, die erst dann endet, wenn wir es wollen. Wir selbst entscheiden, wie lange wir in welcher Form unternehmerisch aktiv sein wollen. Für Unternehmer*innen gibt es keinen festgelegten Ruhestand. Wir dürfen so lange tun, was wir lieben, wie wir wollen. Wir sind es, die unsere eigene Unternehmensgeschichte schreiben. Ganz gleich, wie sie verläuft, welche Täler durchquert, welche Erfolge gefeiert werden. Jede Unternehmensgeschichte beginnt mit dem ersten Schritt, der Gründung, und davor mit dem ersten so wichtigen Satz: *Ich will!* Und: Wollen Sie?

> **»Ja, aber…«**
>
> »Was ist, wenn sich mein Unternehmen gar nicht, zu langsam oder in die falsche Richtung entwickelt?«
>
> Was wir uns als Gründer*innen für unser Unternehmen ausdenken, kann funktionieren, muss aber

nicht. Als immer erfahrenere Unternehmer*innen werden wir aber mit jedem Tag besser in der Lage sein, zu entscheiden, was gut und was nicht so gut läuft. Daher erledigen erfolgreiche Unternehmer*innen im Kern nur drei Aufgaben, die aber immer und immer wieder:

1. Machen.
2. Daraus lernen.
3. Es (noch) besser machen.

Nebenbei: Wir haben auch gar keine andere Wahl, als uns immer wieder anzupassen an die Entwicklungen in unserer Welt, auf unserem Markt, die Bedürfnisse unserer Kund*innen, Mitbewerber*innen und vieles mehr. Ganz im Gegenteil. Die Veränderungsgeschwindigkeit nimmt jedes Jahr weiter zu, wie der französische Wissenschaftler und Statistiker Georges Anderla mit seiner aufsehenerregenden Arbeit *The growth of scientific and technical information. A challenge* bereits in den 1970er-Jahren feststellte. Anderla untersuchte das Tempo, in dem sich das Wissen der Welt entwickelte, und kam zu der Erkenntnis, dass es sich im Zeitraum vom Jahr 1 bis zum Jahr 1500 etwa verdoppelt hatte. Die weiteren Verdopplungen waren, logischerweise, schneller. So war die nächste Verdopplung nach etwa 250 Jahren um 1750 herum und die dritte dann nach etwa 150 Jahren um 1900. Danach erhöhte sich das Tempo der Wissensverdopplung eklatant von 50 Jahren (1950) auf nur zehn Jahre (1960) und dann sogar nur sieben Jahre (1967). Anderlas Untersuchungen wurden von mehreren Wissenschaftlern weitergeführt, unter anderem von Robert Anton Wilson, der die These aufstellte, dass sich das Wissen in den 1990er-Jahren wohl alle 18 Monate verdoppeln würde.

Wie richtig sie beide mit dieser immensen Wissensentwicklung lagen, können wir alle heute tagtäglich mitverfolgen, wenn die Neuigkeiten über die diversen Kanäle immer schneller reinkommen. Was aber bedeutet diese Erkenntnis nun für uns als Gründer*in und vor allem als spätere*r Unternehmer*in? Zum einen, dass wir persönlich als Mensch – relativ gesehen – immer weniger wissen, wenn wir nicht permanent am Puls der Zeit bleiben. Zum anderen, dass auch unser Unternehmen und unsere Angebote mit der Zeit gehen müssen, ihr manchmal am besten sogar ein Stück voraus sein sollten. Denn auch die Geschwindigkeit, in der Innovationen zum Teil unseres Alltags werden, hat sich rasant verändert. Von der Markteinführung des Radios beispielsweise bis zum Verkauf von weltweit 50 Millionen Geräten dauerte es sagenhafte 38 Jahre. Beim Fernseher dauerte es bis zur 50-Millionen-Marke nur noch 13 Jahre. Und wenn wir einen Blick auf Twitter werfen: Hier waren 50 Millionen Nutzer*innen bereits nach neun Monaten erreicht.

Früher hieß es: Die Großen fressen die Kleinen. Dann hieß es: Die Schnellen fressen die Langsamen. Heute meint man, verfolgt man den Digitalisierungs-Hype, es müsste heißen: Die Digitalen schlagen die Analogen. Aber wie wäre es hiermit: Die flexiblen Kreativen überholen die starren Alteingesessenen. Nicht immer, aber in Zukunft sicher immer öfter. Und das Beste: Wir entscheiden selbst, zu welcher Gruppe wir mit unserem Unternehmen gehören wollen.

Vom Glück des Gründens

Ein Gastbeitrag von Fredrik Harkort

»Tu, was du liebst!« – diese vier simplen, aber alles andere als trivialen Worte sind mein Lebensmotto. Und ich bin sehr dankbar dafür, tatsächlich das tun zu dürfen, was ich liebe: Ideen in Wirklichkeit verwandeln, um Menschen zu unterstützen und so die Zukunft der Gesellschaft positiv zu verändern. Denn beim Gründen darf es nicht nur darum gehen, ein Unternehmen ins Leben zu rufen. Vielmehr bedeutet Gründen heute, aktiv in der Gegenwart mitzuwirken, um die Zukunft mitzugestalten. Nur so hat der gemeine Gegner eines Gründenden, nämlich der Stillstand, keine Chance. Wer gründet, geht schließlich einen Pakt mit dem Willen zur Bewegung und damit zur Veränderung ein.

Diese Vorwärtsgewandtheit ist nicht nur mein Antrieb, mein Motor, sie ist für mich auch die Essenz des Gründer*innen-Daseins. Und sie schenkt mir ein unbeschreibliches Glücksgefühl. Letzteres brachte mich dazu, nur vier Wochen nach dem Verkauf meiner letzten Firma wieder zu gründen. Aber was genau macht daran so glücklich, dass ich das Wagnis namens Unternehmensgründung gleich noch einmal eingegangen bin?

Gründen? Nur etwas für Abenteurer!

Heute Gründer*in zu sein fühlt sich an, wie Entdecker*in gewesen zu sein, als die Welt noch nicht komplett erschlossen war. Du kennst das Ziel, aber noch nicht die Route. Der*die Erste zu sein, der*die diese Route einschlägt, sorgt für einen Gefühlscocktail aus Vorfreude, Optimismus und Nervenkitzel. Anders ausgedrückt: Als Gründer*in fühlt man sich wie ein*e Abenteurer*in des 21. Jahrhunderts. Denn die Gründung eines Unternehmens ist immer auch der Beginn einer Reise ins Unbekannte, vielleicht auch ins Riskante. Sie ist der erste Schritt auf einem Weg, der mit *trial and error*, Learnings und Erkenntnissen gepflastert ist. Einem Weg, von dem du weißt, dass er nicht immer angenehm, aber genau deswegen einzigartig wird. Und wenn ich ehrlich bin, macht mich das Begehen dieses Weges sogar glücklicher als die Ankunft am Ziel.

Aber kein*e Entdecker*in kann diesen Weg allein gehen. Jede*r Weltensegler*in der Geschichte brauchte eine Crew– jede*r Gründer*in braucht ein eigenes Team. Allein kann man weder die Welt entdecken noch eine Firma bauen, die die Welt verändert. Das geht nur als Team, das aus unterschiedlichen Charakteren mit komplementären Fähigkeiten besteht. Und als Team, in dem alle Mitglieder das wohl Wichtigste gemeinsam haben: den Glauben an eine bessere Zukunft. Nur wer sich mit dieser Überzeugung auf eine Mission begibt, hat die Chance, sie mit Erfolg zu krönen. Denn nur dann ist jedes Teammitglied dazu bereit, die eigenen Fähigkeiten in Perfektion einzubringen: als CFO die moderne Form der Flotten-, pardon, Unternehmensnavigation zu übernehmen, als COO die Abläufe zu koordinieren, als CTO im Maschinenraum zu werkeln.

Jede Gründung ist das gemeinsame Bekenntnis zu einer besseren Zukunft!

Genau diese Menschen zusammenzubringen, zu führen, zu motivieren und mitunter auch zu coachen, ist Teil meiner Aufgabe als Gründer. Und es ist ein weiterer Grund für mein Glücksgefühl: Es macht mich glücklich, zu sehen, wie das Feuer, die Passion überspringt. Von der ersten, auf die zweite, die dritte Person – und schließlich auf Hunderte von Menschen, die das Unternehmen und damit die Zukunft mitgestalten.

Und dann gibt es da noch etwas, das Glücksgefühle in mir auslöst: der Gedanke an unsere aktuelle Gründung, die von cleverly. Denn hier dürfen wir unseren Kindern dabei helfen, sich auf ihr Leben, ihre Zukunft vorzubereiten, eigene Potenziale zu erkennen und diese zu stärken. Damit sind sie wiederum dafür gerüstet, herauszufinden, was sie wirklich lieben – und vielleicht ja sogar selbst zu gründen.

Über den Gastautor

Fredrik Harkort, Jahrgang 1979, hat von 2000 bis 2004 an der Hochschule für Fernsehen und Film (HFF) in München studiert und im Anschluss bis 2010 als TV-Produzent in München und Paris gearbeitet. 2011 gründete er mit Body-Change/IMakeYouSexy sein erstes Internet-Unternehmen, welches er 2016 an Ströer SE verkaufte. 2018 kaufte er die Firma von Ströer zurück und führte sie bis zum erneuten Verkauf 2020 gemeinsam mit seiner Frau Julia Harkort. Im Dezember 2020 gründete der mittlerweile in Berlin lebende zweifache Familienvater, gemeinsam mit Björn Jopen, die cleverly GmbH. Dies ist eine Online-Nachhilfeschule, die neben klassischer Notenverbesserung Familien ganzheitlich durch begleitendes Mentoring unterstützt.

*»Durch Stolpern kommt man
bisweilen weiter; man darf nur nicht
fallen und liegenbleiben.«*

Johann Wolfgang von Goethe

9

An Krisen wachsen und durch sie stärker werden

Als Gründer*innen lernen wir Krisen (irgendwann) zu lieben, was merkwürdig klingt, weil wir als Privatpersonen oftmals so unsere Probleme mit Krisen haben. Wer wünscht sich auch schon eine Beziehungskrise, Jobkrise, Geldkrise, Gesundheitskrise, Familienkrise…? Für die meisten Menschen sind Krisen nichts Schönes, und niemand möchte freiwillig mit ihnen konfrontiert sein.

Verständlich, denn sie überrumpeln uns meist unerwartet, zu einem gänzlich unpassenden Zeitpunkt und halten uns nicht nur von etwas anderem ab, sondern bringen zudem auch noch Probleme mit, für die wir meist keine spontane Lösung haben, weil wir überfordert sind. Krisen versetzen uns wie der vorangegangene überlange Satz in Dauerstress, weil wir in Gefahr sind, den Überblick zu verlieren. Sie üben teils immensen Druck auf uns aus, bedrängen uns, weil sie permanent um uns herum spürbar sind, und drängen uns, mit ihnen umzugehen. Nur wie, wenn wir uns im Nebel gefangen fühlen, gelähmt sind und uns erdrückt fühlen?

Wer schon einmal eine Krise durchlebt hat, ganz gleich ob partnerschaftlicher, gesundheitlicher oder beruflicher Natur, weiß, dass so etwas Kraft kostet, Nerven, Schlaf und Lebenszeit (manchmal sogar Geld). Und doch sind Krisen gerade für uns Gründer*innen verpackte Geschenke, von denen jede*r von uns im Laufe der Karriere zahlreiche zugestellt bekommt, auspacken und damit umgehen darf. Was wie ein unattraktives Abwehrargument fürs Gründen klingen mag, ist genau das Gegenteil, wenn wir Krisen, die wir als Privatpersonen haben, von denen unterscheiden, die wir unternehmerisch zu bewältigen haben.

Krisen sind wichtig und, teils unverzichtbare, Wegweiser

Durchleben wir privat eine Krise, ist gefühlt unser sicherer Hafen in Gefahr. Kriselt es in der Partnerschaft oder der Familie, wanken damit auch unser Herz und unsere Heimat, unsere sonst so sicheren und wichtigen Rückzugsorte, an denen wir entspannen und Kraft tanken können. Wenn's privat kriselt, erschüttert uns dies oftmals bis ins Mark, sodass es auch Auswirkungen auf unsere Arbeit hat.

Natürlich können uns auch Krisen, die wir mit unserem Unternehmen erleben, aus der Bahn werfen, keine Frage. Da wir uns als Mensch nicht aufteilen und das, was wir privat erleben, von der Arbeit trennen können, tragen wir immer unsere Gedanken und Gefühle mit uns. Aber wenn in unserem Heimathafen alles in Ordnung ist, dann können wir auch Unternehmenskrisen leichter durchstehen.

Zudem haben unternehmerische Krisen den großen Vorteil, dass wir sie in den allermeisten Fällen einigermaßen getrennt von unseren Emotionen lösen können. Natürlich können und werden uns schwierige Situationen auch emotional mitnehmen und unsere Stimmung negativ beeinflussen. Aber wir können die meisten von ihnen mit rationalen Entscheidungen mithilfe unseres klaren Verstands lösen. Dies ist bei menschlichen Krisen kaum möglich.

Anders als im Privatleben können wir uns unternehmerisch nicht um Entscheidungen drücken. Wir müssen uns ihnen stellen und die dringlichen und/oder wichtigen Dinge regeln, die eben aktuell geregelt werden müssen. Und genau das ist so wichtig. Dadurch lernen wir nämlich, uns so intensiv und so lange wie nötig mit notwendigen Entscheidungen zu beschäftigen, ohne die keine Krise verschwindet. Diese Intensität, die Krisen von uns einfordern, hilft uns dabei, uns klarer darüber zu werden, was sich richtig oder falsch anfühlt und was geändert werden muss.

Damit geht einher, dass wir vor Ängsten und Sorgen, die uns Krisen oftmals mitbringen, nicht wegrennen, sondern uns ihnen stellen und sie damit besiegen. Denn der Weg aus der Angst führt immer nur durch die Angst hindurch. Als Unternehmer*in lernen wir somit auch, mit eigenen Kopfkrisen umzugehen, mit Wahrscheinlichkeiten zu spielen, welche Sorgen, die unheimlich in uns herumspuken, realitätsnah sind (die wenigsten). Je mehr kleine wie größere Krisen wir durchlebt haben und je geübter wir im Umgang mit ihnen sind, desto weniger lassen wir uns durch Kleinigkeiten kirre machen. Mehr noch.

Die glänzenden Perlen, die selbst in dunklen Krisen versteckt sind

Irgendwann beherrschen wir die Kunst der »Krisenwandlung«, indem wir Krisen nicht mehr als Feinde, sondern als Weggefährten ansehen, die ab und an bei uns vorbeikommen und uns auf problematische Entwicklungen hinweisen. Wenn wir Krisen nicht als böse Gegner ansehen, die es gilt zu bekämpfen, sondern als dankenswerte Ratgeber, übernehmen wir die Kontrolle und werden durch sie stärker, weil wir sie nicht fürchten und vor ihnen erstarren – höchstens vor Ehrfurcht ob der Weisheiten, die sie uns – zunächst verborgen – mitbringen.

Wie wahr diese nach Allgemeinplatz klingende Weisheit wirklich ist, wissen wir alle aus unserem eigenen Leben. Überlegen Sie einmal kurz, welche Krisen Sie schon durchgestanden haben. In Ihren partnerschaftlichen Beziehungen, im Familien- und Freundeskreis, am Arbeitsplatz, gesundheitlich...

Ganz gleich, welche Krisen Sie bereits gemeistert haben: Sie werden dadurch etwas gelernt haben, das Ihnen auf Ihrem weiteren Lebensweg geholfen hat. Wir wissen besser, was wir nicht (mehr) wollen, tun oder zulassen. Jede gemeisterte Krise erweitert aber auch unsere geistigen wie emotionalen Fähigkeiten. Gerade in Extremsituationen erfahren wir Dinge, die wir selbst noch nicht über uns wussten. Krisen sind Kraftkatalysatoren, die uns Dinge entlocken, von denen wir oftmals gar nicht wussten, dass wir sie in uns tragen. Kein Wunder, denn manche unserer Fähigkeiten zeigen sich erst dann, wenn's drauf ankommt. Wie wundervoll, dass wir Gründer*innen mit jeder neuen Krise auch uns selbst besser kennenlernen.

In jeder Krise steckt bereits die Lösung

Bei aller berechtigten Freude über die Vorteile von Krisen sind wir natürlich nicht sofort jeder von ihnen gewachsen. Aber wir wachsen hinein und mit ihnen, was, wie das Wachstum unseres Körpers, manchmal mit Schmerzen verbunden ist. Während wir Wachstumsschmerzen bei unserem Körper als normal empfinden, betrachten wir Krisen immer wieder als negatives Erlebnis. Dabei sind viele von ihnen einfach Teil natürlicher Prozesse, weil sich manches über die Zeit zum richtigen Zustand hin entwickeln muss. Falsche Richtungen, die eingeschlagen wurden, müssen korrigiert, negative Auswüchse beschnitten werden.

Alles kein Grund zum Verzweifeln oder zum Selbstzweifel. Auch dann nicht, wenn eine Krise sich wie ein Tsunami über uns zu ergießen scheint und schier unendliche Probleme an Land spült. Selbst für das, was wir auf den ersten (unbekannten) Blick als unlösbar einstufen, gibt es eine Lösung. Es gibt für alles eine Lösung, weil wir glücklicherweise in einer dualen Welt leben, in der alles zwei Seiten besitzt. Nicht nur Unglück und Glück, sondern auch Problem und Lösung.

Nur, weil wir die Lösung auf die aus der Krise resultierenden Probleme nicht sehen, heißt es nicht, dass sie nicht da sind. Es ist wie bei allem, das nicht so funktioniert, wie wir es wollen: *Für alles,* das wir zum ersten Mal tun, fehlt uns einfach die optimale Lösung. Logisch. Wer noch nie einen Fahrradreifen repariert hat, dem bleibt nichts anderes übrig, als sich an mögliche Lösungen heranzutasten. Zu Aufgaben, die für uns neu sind, haben wir meist keinen Lösungshinweis in der Tasche. Macht doch nichts. Aber gerade diese Unwissenheit und Planlosigkeit sind es, die manche an Krisen verzweifeln lassen. Dabei ist beides vollkommen normal, weil uns für Neues einfach das Bekannte fehlt.

Wenn wir aber fest davon überzeugt sind, dass es immer (mindestens!) eine Lösung gibt, dann können wir uns bei jeder Krise immer ganz unaufgeregt die gleiche Frage stellen: Wie finde ich die Lösung?

Wege hierfür gibt es unzählige. Wir müssen uns nur auf die Suche machen. Zum Beispiel, indem wir uns die Krisen genau ansehen, von allen Seiten, und uns fragen: Was hat sie verursacht? Was deckt sie auf, das (mir) bisher verborgen war? Welche Fehlentwicklungen sind ihr vorausgegangen?

Krisen verbinden uns mit anderen

Oder wir fragen Menschen, die solche Krisen auch erlebt oder vergleichbare Probleme schon gelöst haben. Diese externen Ratgeber*innen können andere Gründer*innen, etablierte Unternehmer*innen sein, aber auch Menschen aus unserem Bekannten- oder Freundeskreis. Oftmals wissen wir viel weniger über die Menschen aus unserem direkten Umfeld, als wir meinen. Berichten wir anderen von unseren Aufgaben, staunen wir nicht selten über ihre Erfahrungen mit ähnlichen Situationen.

Dieser emotionale Schulterschluss hilft uns nicht nur bei der Bewältigung unserer Krise, sondern bereichert uns auch emotional. Mit Menschen, denen wir uns anvertrauen, die wir um Rat bitten, rücken wir enger zusammen, schöpfen durch unser Zutrauen in die anderen und unser Anvertrauen unbezahlbares Vertrauen. Zudem ist es ein wunderbarer Schritt für die eigene Entwicklung, nicht immer alles allein lösen zu wollen, sondern sich Hilfe zu suchen. Zu gründen und ein Unternehmen zu führen bedeutet auch immer, Verantwortung an andere abzugeben.

Und selbst wenn unsere externen Ratgeber*innen nicht den entscheidenden Tipp oder die perfekte Lösung parat haben, so hilft uns der Austausch in jedem Fall weiter. Beispielsweise, weil uns die anderen motivieren, aufbauen und uns einen Teil ihrer (Lebens-)Erfahrung als Augenöffner weitergeben. Manchmal führen uns Krisen nämlich in einen engen Tunnel, der unseren Blick verengt und unsere Sinne verklärt. Gespräche und andere Sichtweisen können diese Enge weiten und uns zumindest die Hoffnung auf ein Licht am Ende des Tunnels geben, wenn wir Zutrauen in uns selbst gewinnen, nicht aufgeben und einfach weitermachen. Denn dank der Dualität unserer Welt folgt unweigerlich auch auf jedes Tief ein Hoch, für das wir sogar selbst sorgen können, indem wir uns darauf besinnen, was wir sind: Schöpfer*innen und Gestalter*innen.

Wir sind es, die unsere Unternehmenswelt kreieren, und somit sind wir auch Herr*in über jede Krise. Dabei ist es gleichgültig, ob uns eine hausgemachte Krise heimsucht oder etwas Externes unser Unternehmensschiff in unruhige Fahrwasser bringt. Es ist egal, ob's nur regional rumort, in unserer gesamten Branche oder weltweit. Bei unseren Zulieferern, Kund*innen, wem auch immer, mit dem*r oder für den*die wir arbeiten. Jede Krise durchläuft immer die gleichen fünf Phasen, die wir kennen sollten, damit wir sie bestmöglich meistern:

Phase 1: Der Schock

Da Krisen meist unerwartet und mit Wucht kommen, fragen wir uns verdattert und perplex Dinge wie: Was ist das? Woher kommt das? Warum, wieso, weshalb? Und vor allem: Muss das jetzt sein?

Phase 2: Der Widerstand

Auf den Schock folgt dann die Abwehrreaktion. Verständlich, denn da wir Krisen (zumindest bewusst) nicht bestellt haben, wollen wir sie auch nicht haben. Daher reagieren wir oft mir Gedanken wie: Was soll das? Warum muss das jetzt sein? Kann die Krise nicht verschwinden? Kann es nicht so sein wie früher?

Phase 3: Die Trauer

Wenn uns klar ist, dass die Krise trotz unseres inneren Widerstands nicht verschwinden wird, fallen wir oftmals in eine Art Trauerzustand. Wir fragen uns Dinge wie: Warum ich? Warum jetzt? Was haben wir denn getan? Wie soll ich das jetzt schaffen?

Leider bleiben zu viele Menschen allgemein, und auch manche Gründer*innen, zwischen diesen ersten drei Phasen hängen, fallen von der Trauer gar wieder in den Schock, weiter zum Widerstand, zurück zur Trauer. Sie sind gefangen in einer sich permanent wiederholenden Negativschleife wie in dem Film »Und täglich grüßt das Murmeltier«, aus dem es kein Entrinnen zu geben scheint.

Herauskommen können sie erst, wenn sie diese drei Phasen bewusst hinter sich lassen und in die nächste Phase eintreten.

Phase 4: Die Akzeptanz

Erst, wenn wir Krisen, Probleme oder schwierige Situationen annehmen, haben wir eine Chance, sie zu bewältigen. Das bedeutet nicht, dass wir nicht geschockt sein, uns innerlich dagegen wehren und trauern dürfen. Natürlich dürfen wir das – wir müssen es fast, weil das der normale Verlauf ist. Je schneller wir es jedoch schaffen, die ersten drei Phasen zu durchlaufen, desto schneller sind wir bereit, die Krise durchzustehen.

Wenn wir akzeptieren, dass die Krise unveränderbar ist, wie sie eben gerade ist, kommen wir raus aus der Opferrolle, den negativen, zerstörerischen oder selbstbemitleidenden Energien. Wir kommen in die neutrale Energie und erkennen, dass vor uns eine oder mehrere Aufgaben liegen, die bewältigt werden müssen – von uns. Die Akzeptanz macht unseren Kopf wieder klar. Denn auch wenn wir Krisen nicht einfach wegzaubern können: Wir können sie in jedem Fall zum Positiven für uns und unser Unternehmen verändern, und zwar in der letzten Phase.

Phase 5: Die Kreation

Wenn die Krise kein Schockereignis mehr ist, kein Widerstandsbrocken, kein Trauerkloß, sondern einfach nur eine jetzt zu erledigende Aufgabe, können wir uns mit einem objektiven Blick auf zu neuen Ufern machen und tun, was getan werden muss, worauf uns die Krise aufmerksam macht. Denn genau dafür ist sie zu uns gekommen, so merkwürdig dies auch in solch schwierigen Situationen klingen mag.

Alles, was wir nicht geplant haben, was unerwartet kommt, ist ein Wegweiser, den wir in diesem Augenblick brauchen, weil wir etwas Wichtiges nicht gesehen, getan oder falsch eingeschätzt haben. Eine Krise ist nichts weiter als die Offenbarung, die Visualisierung einer Fehlentwicklung. Die Krise zwingt einen dazu, die Situation zu betrachten und zu ändern. Sie ist ein überdimensionaler Radiergummi, mit dem wir Fehlerhaftes oder Fehlgeleitetes korrigieren können.

Nicht umsonst setzt sich das Wort Krise im Chinesischen, wie so oft in dieser weisen Sprache, aus zwei Schriftzeichen zusammen: denen für Krise und Chance. Beiden gemeinsam ist ein Schriftzeichen, das unter anderem »Gelegenheit« bedeutet. Wir könnten Krisen somit auch einfach als Chance betrachten, eingeschlagene Richtungen zu ändern. Zum Besseren.

Alles ist eben nicht nur eine Frage der Bedeutung, die wir den Dingen geben, denn auch Krisen können wir unterschiedlich betrachten: als unlösbar und lebensbedrohlich oder unangenehm, aber lösbar. Alles ist ebenso eine Frage der Deutung von »Warum ist es passiert?« und »Was möchte mir die Krise sagen?«

Alles ist eben relativ und hängt davon ab, wie wir es betrachten. Auch das Krisenhafte – oder um es unterhaltsam wie lehrreich mit Albert Einstein zu sagen: »Wenn man zwei Stunden lang mit einem Mädchen zusammensitzt, meint man, es wäre eine Minute. Sitzt man jedoch eine Minute auf einem heißen Ofen, meint man, es wären zwei Stunden. Das ist Relativität.«

Nehmen wir die Krise also einfach als eine Gelegenheit und entscheiden wir selbst, was wir mit ihr anfangen. Die Bewältigung fällt uns viel leichter, wenn wir uns bereits beim Auftreten von Krisen angewöhnen, andere Gedanken zuzulassen: »Aha, interessant. *Was ist jetzt zu tun?*«

Aus Krisen erwächst teils Großartiges

Viele Unternehmer*innen wissen ein Lied davon zu singen, wie weit Krisen nicht nur uns selbst als Gründer*innen, sondern auch unsere Unternehmen bringen können. Nicht wenige sind erst durch ihre vermeintlichen Krisen zu den Persönlichkeiten geworden, die sie heute sind. Genauso wie ihre Unternehmen.

Als ein leuchtendes Beispiel ist sicherlich der Erfolgsunternehmer Jochen Schweizer zu nennen, dessen unglaubliche und facettenreiche Vita alle Gründer*innen beeindrucken und motivieren kann. Auch er ist durch viele Krisen gegangen, verlor sein Leben fast bei einem Kajak-Abenteuer und sein Unternehmen fast durch einen Bungee-Unfall. Vielleicht hat er auch gerade deshalb solch einen Wahnsinnserfolg erzielt.

Oder nehmen wir Tesla, das Unternehmen, das unter anderem innovative Elektroautos herstellt. Wie oft wurde Tesla schon totgesagt und Elon Musk der Untergang prophezeit, wie oft kamen beide mit Verve zurück und gelten nicht umsonst als die heißesten Hoffnungsträger für unsere Zukunft.

Alle erfolgreichen Unternehmer*innen durchleben Hunderte, Tausende krisenhafte Situationen, die sich ihnen in den Weg stellen. Doch ein Stein ist nur dann ein Stolperstein, wenn wir uns über ihn ärgern und wütend dagegentreten. Nehmen wir ihn aber an und nutzen ihn konstruktiv, kann er uns als Stufe dienen, um durch ihn auf eine nächste Ebene zu gelangen.

Je mehr dieser Steine wir nutzen, desto mehr Krisenkompetenz entwickeln wir. Herausforderungen, die wir früher einmal als Krise bezeichnet hätten, werden irgendwann zu normalen und lösbaren Aufgaben. Weil wir uns durch die gelösten sowie die ungelösten, aber durchgestandenen Krisen einen Erfahrungsschatz erarbeitet haben und die Gewissheit besitzen, alles schon irgendwie zu meistern. Ganz gleich, was noch kommen mag.

Hierdurch können wir sogar manche Krisen, die vielleicht aufgetreten wären, durch rechtzeitige Kurskorrekturen vermeiden. Aber erst durch Krisen können wir uns dieses so wichtige eigene Frühwarnsystem aufbauen, das uns sensibler werden lässt, zu besseren Entscheidungen führt und uns mehr Sicherheit verleiht.

Über die Jahre werden wir so zu unserem eigenen Fels in der Brandung, der jedem Sturm trotzen kann. Wie die ältesten Bäume der Welt, die trotz Widrigkeiten wie Dürre und Sturm knapp 10.000 Jahre alt geworden sind. Ganz einfach, weil sie sich der Umgebung angepasst und ihre Jahresringe ganz eng aneinandergelegt haben, um so stark wie möglich zu sein. Die Riesenmammutbäume werfen sogar gerade nach Waldbränden ihre Zapfen samt Samenfracht ab, weil dann, wenn das Unterholz verbrannt ist, besonders gute Bedingungen herrschen zum Keimen und Wachsen.

Genau auf diesen Effekt dürfen auch wir uns freuen, wenn wir unsere Komfortzone mit jeder neuen Krise oder problematischen Situation erweitern und so bald über ein Spielfeld an Handlungsmöglichkeiten verfügen, das uns mit Stolz erfüllt und uns auch privat immens weiterhilft. Denn natürlich gehen wir auch mit privaten Krisen oder Problemen leichter um und lassen uns von nichts so schnell aus der Bahn werfen.

Somit stärken Krisen nicht nur unser Unternehmen oder uns als Gründer*in, sondern auch uns als Partner*in, Vater, Mutter, Freund*in und hinsichtlich vieler anderer Rollen.

> **»Ja, aber...«**
>
> »Was ist, wenn eine Krise doch zu groß für mich ist und ich daran scheitere?«
>
> Niemand wird als Unternehmer*in geboren. Wir alle machen uns selbst dazu, indem wir etwas unternehmen, daraus lernen und es besser machen. Leider wirft unsere schulische wie gesellschaftliche Fehlerkultur ein vollkommen falsches Licht auf den normalen Lernprozess. Wer etwas falsch macht, wem etwas misslingt, wer sogar scheitert, der hat versagt, ist unten durch, »ein*e Versager*in«. Doch genauso funktioniert Leben. Jedes Kind probiert, macht Fehler, korrigiert sich und macht es (hoffentlich) besser.
>
> Wir sollten uns gegenseitig dazu ermutigen, etwas auszuprobieren. Und wenn es schiefgeht, dann sollten wir uns dessen nicht schämen, sondern darüber sprechen, damit wir und andere davon lernen können. Ein wunderbares Beispiel hierfür bieten unter anderem die *FuckUp Nights*. Hier berichten teilweise sehr erfolgreiche und prominente Unternehmer*innen darüber, wie und woran sie gescheitert sind und wie oft gerade diese Momente entscheidend dazu beigetragen haben, dass sie so erfolgreich geworden sind, wie sie es sind.
>
> Oder werfen wir einen Blick auf die Paralympics, der Olympiade von Menschen mit Behinderungen. Was wir hier sehen können an Spitzenleistungen, ist nicht nur aller Ehren wert, sondern sollte für uns

Gründer*innen eine Ermutigung par excellence sein, weil diese Menschen wahre Meister*innen im »Trotzdem« sind und zeigen, was alles möglich ist, wenn man sich niemals unterkriegen lässt und mit Ausdauer und Willenskraft konsequent die eigenen Träume verfolgt.

Krisen können Trampoline sein, wenn wir die Sprungmöglichkeiten in ihnen sehen. Wir alle kennen den Spruch: »Wer kämpft, kann verlieren. Wer nicht kämpft, hat schon verloren.«

Übersetzen wir ihn doch ins Gründer*innen-Deutsch: »Wer gründet, kann scheitern. Wer nicht gründet, wird nie erfahren, wie bereichernd Scheitern sein kann.«

Vom Glück des Gründens

Ein Gastbeitrag von Anna Klose

»Alles Glück der Erde liegt auf dem Rücken der Pferde«, wer ein Unternehmen gründet, bei dem es um Pferde geht, hat im Grunde schon Glück – und in unserer Manufaktur stehen die edlen Vierbeiner ohne Frage klar im Mittelpunkt. Mit ihrer Kraft und Eleganz machen uns Pferde schneller, stärker und schöner. Auf ihrem Rücken hat man das Gefühl zu fliegen, man fühlt sich einfach unendlich frei – und ja: glücklich. Natürlich verlangen diese besonderen Momente dauernde, tägliche Teamarbeit, anders lässt sich die notwendige Harmonie zwischen Pferd und Reiter kaum erreichen. Ganz ähnlich ist es, wenn man ein Unternehmen gründet. Auch das ist ziemlich hart und kräftezehrend und oft mit vielen Unwägbarkeiten verbunden. Für mich ist das vergleichbar mit einem anspruchsvollen Spring-Parcours, bei dem ich vielleicht mein Ziel und alle Hindernisse kenne und trotzdem nie weiß, was mich in der nächsten Sekunde erwartet. Manchmal macht mir schon der erste Sprung Probleme, manchmal der letzte – und wenn ich nicht aufpasse, bin ich auch schon komplett im Dreck gelandet, weil es mich vom »hohen Ross« geschmissen hat. Dennoch ist es jedes Risiko wert. Am nächsten Tag kann es ja schon wieder besser laufen, vielleicht fehlerfrei, und ab und zu gelingt mir auch Bestzeit.

Gründen bedeutet, sein Glück selbst in die Hand zu nehmen

Für mich ist Glück nichts, was man festhalten kann. Aber das Schöne am Gründen ist, dass man zumindest die Zügel zu seinem Glück in die eigenen Hände nehmen kann. Man erlebt viele große und kleine Momente von Freude und Zufriedenheit, muss aber auch unglaublich viel dafür investieren. Dabei gilt es, extrem beweglich zu sein: immer offen, neue Wege zu gehen und Dinge wieder und wieder anders zu probieren. Du fällst hin, stehst auf, versuchst neu. Nie im Leben musste ich so viele emotionale Herausforderungen gleichzeitig meistern. Mein Tag ist gefüllt mit festen Terminen und unvorhersehbaren Dramen. Und ich weiß, diese Dinge passieren, weil ich sie selbst angestoßen habe. Alles ist in Bewegung, und meistens sind es nur kleinste Nuancen und das richtige Timing, die über Erfolg oder Misserfolg entscheiden. Ganz ehrlich: So ein Ritt bedeutet jeden Tag Adrenalin pur. Selbst wenn's gut läuft, ist es in diesem intensiven Arbeitsmodus unmöglich, sein Glück lange zu genießen oder gar zu konservieren. Dafür ist einfach zu viel los. Umso wichtiger ist es, hin und wieder innezuhalten und die kleinen Triumphmomente bewusst wahrzunehmen. Immer wenn mir das gelingt, erinnere ich mich, wie viel Glück ich eigentlich habe und dass ich selbst meinen Weg bestimmen kann, der mir diese besonderen Momente beschert.

Glück ist ein flüchtiger, aber feiner Augenblick

Kleine und große Erfolge im »Jetzt« zu genießen und auch immer wieder laut auszusprechen, um mein Team teilhaben zu lassen, auch das macht glücklich. Anerkennung ist schließlich für jeden von uns eine starke Triebfeder. In unserer Manufaktur kommt hinzu, dass wir uns mit schönen und handwerklichen Dingen beschäftigen. Ich war schon immer von Produkten fasziniert, in denen ich Liebe zum Detail spüre. Es hat für mich etwas unglaublich Erfüllendes, Design und Funktion zu verbinden, und es macht mich stolz, wenn ich eine Sache, die ich anfange, auch perfekt zu Ende bringen kann. Das alles trägt dazu bei, dass ich immer wieder Tage erlebe, die sich wie ein wunderbarer Null-Fehler-Ritt anfühlen. Klar: Das ist ein flüchtiges Gefühl, aber auch ein sehr, sehr gutes. Ich denke, solche Augenblicke machen mich zufrieden und dankbar. Sie erfüllen mich eben mit Glück und lassen mich jeden Tag mit einem Lächeln zur Arbeit gehen.

Über die Gastautorin

Anna Klose, Jahrgang 1963, ist auf dem Land zwischen Pferden aufgewachsen. Aus ihrer Liebe zu Pferden und zum Design ist die Idee entstanden, eine eigene Reitsportmarke zu gründen. Neben luxuriösem patentierten Pferdeequipment entwirft das Label exklusive Taschen und Bekleidung für Reiter*innen, Pferdebegeisterte und Designliebhaber*innen – alles handgefertigt in der eigenen Manufaktur in Hamburg. Auch sonst ist die kreative Gründerin viel beschäftigt, als Teilhaberin der KloseDetering Werbeagentur und Mutter in einer turbulenten Familie.

10

Sich täglich auf neue Überraschungen freuen

Langeweile.
Nichts tun.

Nicht wissen, was man machen soll.

Wie klingt das?

Mal ist dies sicherlich ein schöner Zustand, weil er uns entschleunigen und dem Stress des Alltags entziehen kann. In einer langen Weile können wir zur Ruhe kommen, entspannen und Kreativität freisetzen. Aber was wäre, wenn die Langeweile unser Dauerprogramm wäre? Wenn wir uns jeden Tag langweilen würden, weil nichts passiert, jedenfalls nichts Neues, Aufregendes?

Für die meisten von uns ist dies eine gruselige Vorstellung, leben wir Menschen nun einmal von der Abwechslung, vom Wechselbad der An- und Entspannung. Das eine bedingt das andere, weil wir uns nur wirklich entspannen können, wenn wir vorher angespannt waren. Und eine produktive Anspannung samt Anstrengung ist ebenfalls nicht möglich, wenn wir nicht entspannt genug sind, nicht die notwendige Ruhe getankt haben.

Das Wunderbare am Leben ist nun einmal, dass es in Bewegung ist, dass immer wieder etwas geschieht, was uns überrascht, worüber wir staunen, wovon wie fasziniert sind. Ein Leben ohne schöne Erlebnisse, ohne neue Erfahrungen, ereignisreiche Tage ist vielleicht vorstellbar, aber nicht wünschenswert. Wir alle wünschen uns ein abwechslungsreiches Leben – jede*r auf die eigene Weise, privat wie beruflich.

Natürlich können wir auch einen Beruf wählen, in dem wir 40 Jahre lang jeden Tag das Gleiche tun. Manch eine*n mag diese Überraschungslosigkeit gefallen, fallen zwar mögliche positive Neuerungen weg, dafür aber auch einige negative. Die allermeisten von uns suchen beruflich jedoch mehr Abwechslung, was nicht heißt, dass man jeden Monat einer neuen Tätigkeit nachgehen muss. Aber es ist schon schön, wenn man ab und an etwas Neues dazulernt, erfährt oder auch neue Menschen kennenlernt.

Wie essenziell unser menschlicher Drang nach einem abwechslungsreichen Leben und Überraschungen wirklich ist, erkennen wir daran, wie wir auf das Wort »neu« reagieren. Sei es bei neuen Angeboten, die wir uns gern anschauen, weil uns interessiert, was daran jetzt genau neu ist. Oder wenn es neue Attraktionen in Freizeitparks gibt, neue Filme, neue Lieder, neue Bücher. Neues, was auch immer es ist, bekommt sofort unsere Aufmerksamkeit.

Wir lieben es, up to date zu sein, weil es uns das Gefühl gibt, dabei und integriert zu sein, mitreden zu können. Wäre uns alles Neue egal, würden uns Nachrichten nicht interessieren, weil diese schließlich vom Neuheitsgrad leben. Auch könnte alles Neue uns persönlich betreffen, wichtige Auswirkungen auf unser Leben haben. Verständlich, dass wir teilweise sogar gierig nach Neuem sind. Neugierig eben.

Wie schön, dass wir als Gründer*innen und ebenso später als etablierte Unternehmer*innen permanent von Neuem umgeben sind. Für uns ist Abwechslung das Hauptprogramm, weil meist kein Tag wie der andere ist, immer etwas anderes passiert und wir täglich etwas Neues erleben, uns über Überraschungen freuen können. Gerade in der Startphase als

Gründer*innen ist jeder Tag wie ein neues eigenes Leben für sich: aufregend, weil man nie weiß, was genau geschieht, und voller Geschenke, die uns überraschend erreichen und die wir auspacken dürfen.

Gründen ist auf keinen Fall lang-, sondern vielmehr kurzweilig, weil gerade in der Anfangszeit unseres Unternehmer*innentums so gut wie alles neu für uns ist. Besonders, wenn wir zum ersten Mal in unserem Leben gründen, wissen wir in der Regel nicht, was alles auf uns zukommt. Für uns ist fast alles, was wir tun und mitbekommen, aufregend. Seien es Situationen, in die wir zum ersten Mal geraten, Entscheidungen, die wir zum ersten Mal treffen müssen, oder Menschen, die wir für uns und unser Unternehmen begeistern wollen. Bei allem wissen wir zu Beginn nicht, was ganz genau richtig ist und was dabei herauskommt, wenn wir es (zum ersten Mal) angehen.

Doch gerade dies macht das Gründen so faszinierend. Der Zauber der vielen ersten Male und die Gewissheit, dass jeder neue Tag wie ein großes Überraschungs-Ei ist: voller Spannung, was passiert, Entdeckerfreude, was wir damit anfangen, und Spaß, wenn wir merken, dass auch Überraschungen ohne Schokoladenhülle unseren Hunger nach Neuem stillen können. Und uns diese Überraschungen schmecken.

Die Magie der vielen ersten Male

Dabei beginnt das Überraschtwerden bereits lange bevor wir mit unserem Unternehmen an die Öffentlichkeit gehen. Schon das Planen und Einrichten unseres Büros oder Ladengeschäfts steckt voll Unerwartetem. Wer schon einmal selbst ein Haus gebaut oder einen privaten Umzug geplant hat, der weiß, dass immer irgendetwas passiert, das man so nicht auf dem Zettel hatte. Auch als Gründer*in lernen wir schnell, dass nicht jeder eigene Plan aufgeht und auch nicht aufgehen muss, weil es manchmal sogar gut ist, wenn das Leben unseren Plan eigenmächtig ändert. Dennoch macht es enorm viel Freude, sich davon überraschen zu lassen, wie aus Erdachtem oder am Computer Geplanten Wirklichkeit wird.

Wenn wir zum Beispiel auf die Beschilderung für unser Unternehmen, auf unser Firmen-, Klingel- oder Briefkastenschild schauen, passiert etwas in uns. Jetzt sehen alle, dass es uns gibt, und finden den Weg zu uns. Aber nicht nur außen bekommt unser Unternehmen ein Gesicht, auch innen passiert viel – oft auch Überraschendes. Denn meist dauert es seine Zeit, bis alles an seinem Platz steht, nicht nur materiell, technisch oder organisatorisch. Auch emotional brauchen wir eine gewisse Zeit, bis wir in unserem Unternehmen angekommen, eins mit ihm geworden sind und uns hier wirklich wohlfühlen, zu Hause.

Erinnern Sie sich noch an Ihren ersten Schultag? Oder den Moment, als Sie Ihre erste Wohnung zum ersten Mal betreten haben? Auch als Gründer*innen genießen wir ganz oft den unvergleichlichen Duft des Neuen, der wohl gerade deshalb so faszinierend ist, weil er sich nicht wiederholen lässt. Weil er sich unauslöschlich einprägt in unsere Erinnerungswelt. Das erste Mal, wenn wir das eigene Unternehmen betreten, der erste »richtige« Arbeitstag nach der Einrichtung, die Eröffnung. Die ersten Anrufe und E-Mails, die das Unternehmen erreichen. Die erste Post, Pakete, Lieferungen. All das sind für uns mehr als belanglose Normalitäten. Sie sind der Beweis, dass wir von der Außenwelt wahrgenommen werden, ein Teil des Geschäftslebens sind und aktiv darin mitmischen.

Überraschend ist meist auch das Gefühl der unbändigen Freude, wenn wir die ersten Kund*innen für uns gewinnen konnten. Das erste Mal die eigenen Produkte verkaufen,

Dienstleistungen erbringen, das erste Klingeln oder Rascheln in der Kasse, auf dem Konto. Die unbezahlbare Bestätigung, dass unsere Angebote angenommen werden. Wie wir als Gründer*in empfinden, wenn unsere Kund*innen uns anlächeln, sich darüber freuen, dass wir ab jetzt für sie da sind.

Oder das Kennenlernen der (unternehmerischen) Nachbarn, des Postboten, der Menschen in unserer beruflichen Umgebung. Sie alle zählen ab sofort zu unserem beruflichen Umfeld, und wir dürfen unseren Teil dazu beitragen, dass es so harmonisch wie möglich wird. Dass wir uns hier wohlfühlen, wie alle diejenigen, die uns zu Beginn besuchen. Die Familienmitglieder, Freund*innen, Bekannte, Geschäftspartner*innen. Jeder soll sich in unserem Unternehmen wohlfühlen, und wir sind mächtig stolz, wenn wir anderen unser »Baby« zeigen dürfen.

Jeder Tag überrascht uns aufs Neue

Voller Überraschungen ist ebenso unser Tagesablauf, der uns von niemandem vorgegeben wird, sondern den wir selbst so gestalten können, wie wir es wollen und für notwendig erachten. Es ist aufregend, wenn wir uns fragen, wie wir eigentlich arbeiten wollen im eigenen Unternehmen. An welchen Tagen? Von wann bis wann? Wo und vor allem was tun wir?

Unsere Arbeit komplett selbst zu organisieren ist ein unglaubliches Privileg und zugleich etwas, das wir erst lernen müssen. Denn so gut wir auch planen: Der Unternehmensalltag mischt kräftig mit und wirbelt unsere Vorhaben des Öfteren durcheinander. Doch genau das lernen wir anzunehmen. Wir müssen nicht jederzeit immer alles im Griff haben, weil dies keinen Raum für Spontaneität, für die so kostbaren Überraschungen lassen würde.

Oft stellen wir uns ob der unzähligen To-dos die Frage »Wie will oder sollte ich <u>heute</u> arbeiten?« Die Antwort darauf richten wir immer wieder neu aus, indem wir beobachten, was von dem, was wir uns vorgenommen haben, gut klappt und was weniger gut. Wir probieren uns aus, ruckeln uns zurecht und sind nicht selten davon überrascht, dass Dinge, die wir gar nicht auf unserem Radar hatten, besser funktionieren als das, was wir uns ausgedacht haben.

Je mehr wir bereit sind, nicht an allem krampfhaft festzuhalten, sondern die inneren wie äußeren Zügel auch einmal loszulassen, desto mehr Raum geben wir unserem Unternehmen, die notwendigen Prozesse zu durchlaufen. Denn den perfekten Plan zum erfolgreichen Unternehmen gibt es ebenso wenig wie eine Anleitung für den*die perfekte*n Gründer*in. Ein Glück. Es sind gerade die Lernerfahrungen, die aus dem Unvorhergesehenen, dem Unplanbaren resultieren, die uns mehrere Schritte gleichzeitig nach vorn gehen lassen.

Und auch, wenn wir jeden Tag viele Dinge anschieben, wissen wir nicht immer, ob's klappt oder was genau daraus wird. Doch genau diese kleinen Überraschungseffekte sind es letzten Endes, die für große Knalleffekte sorgen können, wenn sich plötzlich Ergebnisse zeigen von Dingen, die wir vor einigen Tagen oder Wochen angestoßen haben. Dieser besondere Reiz begleitet uns jeden Tag, weil wir nie wissen, welche wundervollen Ereignisse oder Botschaften uns ereilen und erreichen werden.

Für uns Gründer*innen wird das Unerwartete zur Normalität, auf die wir uns freuen. Auch, weil uns jede Neuigkeit schneller voranbringen, vielleicht sogar ein Meilenstein sein kann, den Durchbruch bedeutet. Schon viele konnten am eigenen Unternehmer*innen-Leib erfahren, wie weise der Satz von Harry Belafonte ist: »Ich habe 30 Jahre gebraucht, um über Nacht berühmt zu werden.«

Ein Anruf, eine E-Mail, ein Gespräch kann alles verändern – zum noch viel Besseren. Und alle diese Erfolgshelfer haben eines gemein: Sie kommen meist überraschend.

Die Vorfreude auf immer neue Überraschungen

Irgendwann sind wir in und mit unserem Unternehmen angekommen. Alles läuft in etablierten Bahnen, und die Vielfältigkeit der ersten intensiven Überraschungsphase ist vorbei. Dann dürfen wir uns, zumindest für einen Moment, zurücklehnen und positiv überrascht wahrnehmen, was sich alles getan hat. Das Unternehmen ist eingerichtet, die Technik steht, die Strukturen auch, alles ist an seinem Platz. Das Lager, die Ordner im Schrank und im Computer sind ebenso gut gefüllt wie die Auftragsbücher. Wir haben es geschafft: unser Unternehmen ist am Start und steht auf eigenen Beinen. Genießen wir das gelegte Fundament, und freuen wir uns auf die Zeit, die vor uns liegt, die vieles sein wird, aber garantiert nicht überraschungsfrei.

Kultivieren wir die offene Vorfreude auf das vor uns Liegende, von dem wir noch nicht wissen. Ist es nicht wundervoll, morgens aufzustehen mit der Frage: Was wird wohl heute alles passieren? Freuen wir uns an der positiven Anspannung, jeden Tag bewusst zu begehen, auch in unserem Berufsleben. Im Privaten genießen wir sie schließlich auch, wenn wir ins Kino in eine *Sneak Preview* gehen, gerade weil wir nicht wissen, welcher Film gezeigt wird. Oder wenn wir uns auf unseren Geburtstag freuen, weil wir den Inhalt der verpackten Geschenke nicht sofort erkennen. Es ist die Unwissenheit, das Sich-auf-etwas-Einlassen, die das Leben so aufregend machen. Wie langweilig wäre es, wenn wir Geschenke nicht mehr verpacken würden oder wenn wir schon am ersten Januar wüssten, was bis zum 31. Dezember alles passiert.

Als Gründer*in freuen wir uns auf das Unerwartete, weil wir begreifen, dass dies bedeutet, wahrhaftig zu leben, lebendig zu sein. Man kann natürlich privat wie beruflich versuchen, so plan- und kalkulierbar wie möglich zu leben, Bestehendes festzuhalten, den Status quo zu verwalten und Neues, wenn überhaupt, nur kontrolliert und streng geprüft hereinlassen. Aber dadurch berauben wir uns unzähliger Momente des Glücks, die gerade erst dadurch entstehen, dass wir von ihnen überrascht werden. Die Freude über einen guten Freund, den man nicht sieht, bis er einem von hinten auf die Schulter tippt, ist herzerfrischend. Wie die Botschaft der*s Liebsten, die man morgens unerwartet am Spiegel findet.

Laden wir Überraschungen ganz bewusst ein, und bleiben wir hungrig aufs Neue. Lassen wir die Dinge auf uns zukommen, und machen wir dann das Bestmögliche aus ihnen. Hierdurch werden wir ein untrennbarer Teil des Ganzen, sind eingebunden in den (unternehmerischen) Kreislauf, in dem alles zirkuliert, weil das Wirken des einen das Wirken des anderen beeinflusst. Erst dann können wir Dinge erfahren, von denen wir nie geahnt hätten und die nicht passiert wären, hätten wir unsere inneren und äußeren Türen nicht für sie geöffnet.

Die meisten erfahrenen, erfolgreichen und vor allem glücklichen Unternehmer*innen sind nie am Ziel, sondern jeden Tag am Anfang von etwas Neuem. Sie wissen bereits, was Gründer*innen erst erfahren dürfen: Überraschungen sind das Elixier des (Unternehmens-)Lebens. Ihr Genuss im Heute und die positive Neugierde auf das Kommende lässt das Herz nicht nur länger schlagen, sondern auch höher.

Und intensiver.

»Ja, aber…«

»Ich mag keine Überraschungen. Was ist, wenn sie mir nicht gefallen?«

Überraschungen haben ihrer Natur entsprechend die Angewohnheit, unplanbar zu sein – zeitlich wie inhaltlich. Diese unveränderbare Tatsache macht manche Menschen nervös und überfordert sie teilweise auch. Natürlich bekommt man auch als Gründer*in nicht nur positive Überraschungen. Es ist vergleichbar mit einer bunt-gemischten Tüte Konfekt. Auch hier schmeckt nicht jedem alles, aber für jeden ist eben auch etwas dabei. Und manchmal ist es sogar so, dass sich Geschmäcker auch ändern und etwas plötzlich genießbar wird, das bisher ungenießbar war. Wer als Kind zum Beispiel Rosenkohl gehasst hat, könnte ihn als Erwachsene*r lieben gelernt haben. Ähnliche Geschmacksveränderungen erleben wir auch als Gründer*in. Zum Glück dauern sie meist nicht viele (Rosenkohl-)Jahre.

Als Gründer*innen lernen wir, zu nehmen, was kommt, weil auch ein Konfekt, das mir nicht schmeckt, satt macht. Aus fast allem lässt sich etwas zaubern, auch aus Überraschungen, die wir zuerst als negativ eingestuft haben, wobei sie es vielleicht gar nicht sind und nur unsere Einstellung, Erfahrungen oder Unwissenheit sie dazu machen – unberechtigterweise.

Warum machen wir es nicht wie beim Computerspiel Tetris, bei dem nacheinander neue Steine »vom Himmel« fallen und man sie durch geschicktes Drehen so zusammensetzt, dass alles ineinandergreift. Und selbst wenn mal zwei Steine nirgendwo passen und wir sie mehr schlecht als recht platzieren, geht's

weiter, und es ist meist kein Spielab- oder unternehmerischer Beinbruch. Auch als Gründer*in ist vieles
eine Frage der Übung. Nehmen wir alles am besten
erst einmal so, wie es ist, und fragen uns dann, was
wir damit anstellen können. Vielleicht geht ja doch
mehr damit, als wir auf den ersten Blick denken. Irgendwann haben wir den Dreh schon raus.

Vom Glück des Gründens

Ein Gastbeitrag von Georg Kofler

Mein erstes Gründungserlebnis werde ich nie vergessen. Silvester 1988. Mitternacht. Die erste Minute des neuen Jahres 1989 wird mit Feuerwerken begrüßt. Ich habe keine Augen dafür. Ich sitze gebannt vor dem Fernseher. Adrenalin pur. Kommt das Signal? Stimmt das Logo? Die viele Arbeit, die euphorische Kreativität, die erste Programmplanung, wird das jetzt Realität?

Und dann, mit fast schon selbstverständlicher Professionalität, betritt ein neues TV-Programm die helle Bühne der Medienwelt. ProSieben geht live. Mit der ersten eigenproduzierten Nachrichtensendung. Kein Patzer, kein Versprecher. Und danach der Serienklassiker »Starsky und Hutch«. Start gelungen. Ich gehe hinaus in die kalte, sternenklare Silvesternacht. Ich bin glücklich. Und gespannt auf die Zukunft. Was aus diesem ProSieben wohl werden würde? In drei Jahren, in fünf Jahren? Ein langer, unbekannter Weg liegt vor mir und meinem ProSieben. Was für ein Abenteuer.

Abenteuer, jedenfalls richtige Abenteuer, haben ihren Preis. Dieser Preis heißt: Risiko. Viele Menschen scheuen Risiken. Sie mögen diese Unsicherheit nicht. Nur eine kleine Minderheit empfindet Risiken nicht als Bedrohung, sondern als Anreiz, als Herausforderung. Als Chance zum Glück. Das sind die Gründer, die Erfinder, die Gambler, die Unternehmer.

Seit jeher versuchen die Kapitalismuskritiker, das Unternehmertum auf eine ökonomische, nämlich kapitalistische und profitmaximierende Tätigkeit zu reduzieren. Was für eine Fehleinschätzung. Alle, die es ausprobiert haben, wissen: Unternehmertum ist viel mehr: Geisteshaltung, Lebenseinstellung, Lebensform, Neugier und Leidenschaft für Ideen und Innovationen.

Es gehört zur klassischen Attitüde der Linken, die Gewinne der Unternehmen als unlauter und ausbeuterisch zu diffamieren. Jeder vernünftige Bürger weiß aber: Selbstverständlich müssen Unternehmen profitabel sein. Sollen sie denn Verluste erwirtschaften? Nur profitable Unternehmen können auf Dauer auch sozial wertvolle Unternehmen sein. Sie schaffen stabile Arbeitsplätze, entwickeln innovative Produkte und zahlen Steuern. Auf dieser Grundlage kann ein leistungsfähiger Sozialstaat finanziert werden. Wie denn auch sonst?

Doch Umsatz und Gewinn sind eben nicht alles. Es gibt andere, je nach subjektiver Empfindung vielleicht noch wichtigere Aspekte, warum Gründen glücklich macht. Hier sind meine Top 3:

1. Gründen ist eine Entscheidung für die Freiheit. Für ein selbstbestimmtes Leben. Das eigene Schicksal selbst in die Hand nehmen. Ohne Absicherung dem Risiko ins Auge schauen. Das Bezwingen von Risiken und Herausforderungen macht glücklich.

2. Gründen ist ein Akt des mutigen, kreativen Schaffens. In einem neuen Unternehmen kommt die verdichtete Kreativität des Gründers zum Ausdruck. Kreativität, aus der Realität wird, beschert Glücksmomente. Unternehmer müssen tagtäglich kreativ sein: im Kombinieren neuer und alter Ideen, in Design, Marketing, Kommunikation, beim Tüfteln an neuen Lösungen.

3. Gründen ist eine soziale Leistung. Gründer müssen Mitarbeiter, Geschäftspartner, Investoren und vor allem Kunden ständig motivieren, inspirieren, aktivieren. Sie sind mitten in der Gesellschaft, sie prägen das soziale Leben mit. Es gibt keinen Widerspruch zwischen Wirtschaft und Gesellschaft. Wirtschaft ist einfach Teil der Gesellschaft. Das Glück des Gründens liegt auch im erfüllenden Gefühl, einen sinnvollen Beitrag zu einer positiven Entwicklung der Gesellschaft zu leisten.

Ich kann jedenfalls reinen Gewissens berichten: In jener Nacht, als ProSieben auf Sendung ging, habe ich keine Sekunde an Profitmaximierung gedacht. Es war der magische Moment, in dem sich die kreative Idee zu Wirklichkeit verdichtet. Die Lust am unternehmerischen Abenteuer. Der Reiz der unbekannten Zukunft. Das Gespür, dass alles richtig gut werden könnte.

Über den Gastautor

Dr. Georg Kofler, Jahrgang 1957, studierte Publizistik, Politikwissenschaft und Philosophie. Er ist Gründer von ProSieben, Kabel Eins, N24, HOT/HSE24, Premiere/Sky, Kofler Energies sowie Mitgründer und AR-Vorsitzender der Social Chain AG. Außerdem ist Dr. Georg Kofler Investor in der TV-Show »Die Höhle der Löwen«. Er betrachtet Unternehmertum als Schlüssel für eine freiheitliche, selbstbestimmte Lebensführung.

»Wenn du schnell gehen willst,
geh allein. Wenn du weit kommen willst,
gehe zusammen.«

Afrikanisches Sprichwort

11

Sein Team zusammenstellen

W as wäre, wenn Sie sich aussuchen könnten, mit wem Sie zusammenarbeiten (und mit wem eben nicht)? Ein Traum, oder?

Sie hätten dann nur Menschen um sich, mit denen Sie gut auskommen, die Sie im besten Fall mögen, wo's menschlich wie arbeitstechnisch einfach passt. Zudem müssten Sie sich nicht über Kolleg*innen ärgern, mit denen die Chemie einfach nicht stimmt.

Viele Untersuchungen zum Thema Arbeitszufriedenheit zeigen, dass uns das Betriebsklima und die Zusammenarbeit mit den direkten Kolleg*innen sowie dem*r Chef*in extrem wichtig ist – oft sogar wichtiger als das Gehalt. Nachvollziehbar, denn die anderen und deren Laune bei der Arbeit sind mitentscheidend für unser Wohlempfinden und das Gefühl, ob wir gern zur Arbeit gehen oder nicht. Es macht etwas mit uns, wenn wir jeden Morgen in eine Firma gehen müssen, in der wir die dicke Luft mit einem Messer schneiden oder in der wir die schlechte Laune mit Händen greifen können.

Missgelaunte oder gar mobbende Kolleg*innen können einem aber nicht nur die eigene Stimmung vermiesen, sondern auch die Arbeitsleistung schmälern. Wer jemals in einem Team mitgearbeitet hat, in dem man sich nicht mag, sich vielleicht sogar bekämpft und alle zwar am gleichen (Arbeits-)Strang ziehen, aber in unterschiedliche Richtungen, der weiß, wie zermürbend dies sein kann und wie schwer es ist, in so einem destruktiven Umfeld gute Leistungen zu erbringen (und nicht krank zu werden).

Unsere Umgebung prägt uns eben, privat wie beruflich. Wer beispielsweise von montags bei freitags acht Stunden täglich von fleißigen Energieräuber*innen umgeben ist, der wird Kräfte lassen. Wer hingegen mit Energiegeber*innen arbeitet, schöpft aus dem eigenen Umfeld Kraft und hat nicht nur viel mehr Spaß bei der Arbeit, sondern erbringt auch bessere Leistungen.

Es gibt also viele gute Gründe, möglichst nur mit Menschen zusammenzuarbeiten, die einem guttun, mit denen wir uns wohlfühlen und in deren Nähe wir aufblühen und bestmöglich »abliefern« können. Leider haben wir als Angestellte*r meist keinen Einfluss darauf, wer zu unserem Team gehört. Als Gründer*innen hingegen haben wir die positive Qual der Auswahl, wie viele und welche Mitarbeiter*innen wir einstellen wollen, wenn wir keine One-(wo)man-show sein wollen, sondern ein*e Arbeitgeber*in.

In diesem Fall dürfen wir wirklich stolz darauf sein, etwas zu schaffen, das unendlich wichtig ist für uns, andere Menschen und ebenso unsere Gesellschaft, und zwar Arbeitsplätze. Wir selbst gewinnen hierdurch helfende Hände und mitdenkende Köpfe für unser Unternehmen. Und unsere Mitarbeiter*innen können bei und mit uns ihren Lebensunterhalt verdienen und so sich selbst sowie ihre Familien versorgen und sich private Wünsche erfüllen.

Im besten Fall sorgen unsere Mitarbeiter*innen dafür, dass wir durch ihre Arbeit mehr Geld verdienen, als sie uns kosten, und Mehrwerte für unser Unternehmen schaffen, die es weiterbringen. Wir nehmen als Gründer*in somit eine andere

Rolle ein als als Angestellte*r und profitieren nicht nur von unseren eigenen Leistungen, sondern auch denen unserer Mitarbeiter*innen. Diese besondere Ehre bedingt jedoch auch eine gewichtige Bürde, weil wir nicht nur für unsere Mitarbeiter*innen verantwortlich sind, sondern zum Teil auch für deren Familien, die mit auf das Gehalt angewiesen sind.

Es sind gerade die vielseitigen Möglichkeiten, sich als Unternehmer*in aktiv für die Gesellschaft zu engagieren, die das Gründen zu etwas ganz Besonderem machen. Gemeinsam mit unserem Team können wir Inspiration und Sprungbrett zugleich für viele weitere Menschen sein, doch dazu müssen wir uns zuerst bewusst dafür entscheiden und – zumindest innerlich – sagen: »Ja, ich will Arbeitgeber*in sein!«

Die Suche der passenden Mitarbeiter*innen

Wofür brauchen wir eine fachliche Hilfe, weil wir auf dem entsprechenden Gebiet nicht sattelfest sind? Welche Tätigkeiten würden wir uns gern ersparen und von anderen übernehmen lassen? Wo brauchen wir personelle Verstärkung, weil wir uns nicht klonen können?

In jedem Unternehmen gibt es eine Menge zu tun. Meist mehr, als man schaffen kann. Seien es technische Angelegenheiten, organisatorische, steuerliche. Von Verwaltung über Marketing bis hin zum Vertrieb. Oftmals machen wir als Gründer*innen alles oder zumindest vieles davon selbst, auch wenn wir keine Expert*innen auf den jeweiligen Gebieten sind. Aus Kostensicht ist dies sicherlich sinnvoll, sparen wir uns dadurch immerhin Gehälter. Aber irgendwann werden wir an Punkte kommen, an denen wir nicht mehr alles allein schaffen, überfordert sind oder wichtige Bereiche vernachlässigen müssen, weil wir woanders gefragt sind (oft an Stellen, die uns weder Freude bereiten noch Geld bringen).

Mitarbeiter*innen helfen uns dann am meisten, wenn sie uns entlasten, Arbeit ersparen und wir so unseren Kopf und die Hände frei haben für anderes. Doch bei allen fachlich sinnvollen und notwendigen Überlegungen spielt eine andere Komponente eine mindestens ebenso wichtige Rolle: die menschliche Seite. Was bringt es uns, wenn wir echte Expert*innen in unserem Team haben, menschlich aber nicht mit ihnen klarkommen?

Natürlich reicht es bei Abwesenheit fachlicher Expertise auch nicht, sich zu mögen und gut miteinander zu können. Beides muss stimmen, daher dürfen wir unseren Blick auf das Fachliche und Menschliche richten und uns hierzu fragen: Was ist mir menschlich wichtig, wenn ich an meine Mitarbeiter*innen denke? Worauf lege ich bei anderen Menschen Wert? Was ist für mich unverzichtbar? Und bei welchen Aspekten kann ich Kompromisse eingehen?

Die Mitarbeiter*innen-Suche klärt somit neben der Besetzung offener Stellen auch immer unser Menschenbild, unsere Haltung zu anderen, unseren Wertekompass. Wir finden schnell heraus, wie Menschen sein, was sie tun müssen, damit wir sie gern in unserer Nähe haben. Und dies ist wichtiger, als es für manche*n klingen mag. Wenn wir uns gern mit den anderen umgeben, uns morgens auf sie freuen, sie im besten Fall sogar mögen, dann steigert das nicht nur unsere Arbeitsmotivation, sondern auch unsere gemeinsamen Arbeitsergebnisse.

Das Umfeld, das wir uns durch die Einstellung der zu uns und den Aufgaben passenden Mitarbeiter*innen erschaffen, entscheidet über unseren Erfolg. Je mehr Menschen mit positiver (Schaffens-)Energie wir um uns herum versammeln, desto stärker werden wir selbst und desto mehr wird sich zum Guten bewegen.

Nur einen Fehler dürfen wir nicht machen: einzig und allein nach Sympathie auszuwählen. Denn wir Menschen neigen dazu, immer diejenigen als besonders sympathisch zu empfinden, die so sind wie wir oder uns zumindest stark ähneln. Gleich und gleich gesellt sich eben gern, doch im Arbeitsleben ergibt gleich und gleich nicht automatisch das Doppelte. Manchmal ist es sogar eher hinderlich, weil es gerade das Ergänzende ist, das nicht nur verbindet, sondern das ganze Unternehmen auch rund macht, stimmig.

Unterschiedliche Meinungen können sehr bereichernd sein, weil sie neue Facetten und Möglichkeiten aufzeigen. Doch dies muss man zulassen, damit man auch das zu hören bekommt, was man vielleicht nicht hören will, was aber richtig und hilfreich ist. Negative Beispiele für die Auswirkungen von »Gleich sucht Gleich« gibt es zuhauf. Nicht selten beginnt es bereits in der Vorstandsetage, wenn sich schwache Vorstände schwache Führungskräfte suchen, die nur ausführen, was sie wollen, und die eigene Meinung samt Rückgrat zu Hause lassen. Starke Chef*innen hingegen suchen sich bewusst starke Mitarbeiter*innen, weil sie wissen, dass ihre Stärke das Unternehmen kräftigt und voranbringt, fernab persönlicher Eitelkeiten und Animositäten.

Natürlich gibt es Bereiche, in denen sich Gleich und Gleich nicht negativ auswirken, meist wenn die Aufgaben ähnlich sind. In einem Steuerberatungsbüro arbeiten hauptsächlich Menschen, die eine starke Beziehung zu Zahlen haben. Manche von ihnen sollten aber zudem in der Lage sein, Privatpersonen wie Unternehmer*innen von und für sich zu begeistern und durch persönliche Gespräche zu glänzen – nicht nur durch Zahlen, Daten und Fakten. Die Mischung macht's eben – auch in Unternehmen.

Bei den Unternehmenszielen und -werten sollten wir mit unseren Mitarbeiter*innen, bei aller fachlich wichtigen Unterschiede, durchaus ähnlich »ticken«. Wenn in einem Unternehmen, das ausschließlich vegane Produkte vertreibt, nur Menschen arbeiten, denen Tiere egal sind und die Fleisch lieben, könnte es schwierig werden – auch wenn sie fachlich und menschlich noch so top sind. Werte und Wollen sollten die Basis sein für Wissen und Können.

Das persönliche Kennenlernen

Nachdem wir wissen, welche Mitarbeiter*innen wir wollen, startet der aufregende Prozess der Stellenausschreibung. Es kitzelt förmlich in den Fingern, wenn die ersten Bewerbungen eingehen und wir gespannt schauen, wer sich da bei uns vorstellen möchte. Das Lesen der Bewerbungsunterlagen ist oft spannender als das Lesen eines Thrillers, weil wir hierüber nicht nur etwas über unbekannte Menschen erfahren, sondern jede*r von ihnen auch ein*e neue*r Mitarbeiter*in sein kann.

Noch spannender ist dann die Auswahl der Bewerber*innen, die wir gern persönlich kennenlernen möchten. Die telefonischen Vorab-Auswahlgespräche und die folgende Einladung zum persönlichen Vorstellungsgespräch machen besonders viel Freude, weil wir dabei einen guten Eindruck vom Gegenüber bekommen und erfahren, wie es sich anfühlt, auf der Arbeit vergebenden Seite des Tisches zu sitzen.

In unserer neuen Rolle als Entscheider*in dürfen wir dann auch bestimmen, was wir unseren Mitarbeiter*innen bezahlen wollen. Welches Gehalt ist fair beziehungsweise angemessen für die jeweilige Arbeitsleistung? Was können wir uns leisten? Was sind wir bereit, für besonders gute

Mitarbeiter*innen zu bezahlen? Wo ist unsere finanzielle Schmerzgrenze?

Viele Fragen tauchen plötzlich auf, und wir sind es, die sie beantworten *dürfen*. *Ebenso* gilt es festzulegen, was wir neben Gehalt und Urlaub noch bieten, damit wir gute Leute dazu motivieren, sich uns anzuschließen und an unser Unternehmen zu binden. Gerade junge Unternehmen zahlen meist weniger Gehalt als Etablierte, was per se nichts Schlimmes ist, wenn es andere Mehrwerte gibt, die diese Geldeinbuße wettmachen.

Die Gehaltsfrage öffnet uns zudem das Tor zu den Besonderheiten unseres Unternehmens, wie zum Beispiel besonderen Büroräumen, kostenlosen Getränken, Zugang zu Obst, besondere Flexibilität bei den Arbeitszeiten, Chill-out- oder Spielräume und, und, und. Wir entscheiden, wie das Gesamtpaket aussieht, das wir unseren Mitarbeiter*innen anbieten, die sich nach meist aufregenden ersten Verhandlungen hoffentlich für uns entscheiden.

Das anschließende *Überbringen* der Botschaft »Ja, ich will dich als Mitarbeiter*in« ist etwas Einzigartiges, weil wir als *Überbringer*in der guten Nachricht als Erste*r* die Freude und Dankbarkeit des*r anderen spüren dürfen. Wie auch die Enttäuschungen derjenigen, für die wir uns nicht entschieden haben. Aber dies gehört dazu, und auch hier können wir an Größe gewinnen, wenn wir die Abgelehnten wertschätzen, sie auf ihre Stärken hinweisen und ihnen Mut machen, nicht aufzugeben.

Das Leben mit unseren Mitarbeiter*innen

Ab dem ersten gemeinsamen Arbeitstag startet eine ganz besondere Reise, auf der wir uns unsere Rolle als Reiseführer*in meist erst erarbeiten müssen. Denn es ist selbst für erfahrene Führungskräfte etwas anderes, wenn man plötzlich eigene Mitarbeiter*innen führen darf. Für alle, die noch nic Menschen geführt haben, ist die Chef*innen-Rolle sowieso ein Abenteuer.

Wie alles im Leben müssen wir uns auch mit unseren Mitarbeiter*innen erst einspielen, uns aneinander gewöhnen, einen gemeinsamen (Arbeits-)Rhythmus finden. Das Wissen darum, jetzt eine eigene kleine Unternehmensfamilie zu haben, tut uns in jedem Fall gut, weil wir jetzt nicht mehr allein sind und Hilfe an unserer Seite haben. Zudem erfahren wir des Öfteren eine neue unbekannte Anerkennung, wenn wir als Chef*in etwas gefragt werden und andere tun, was wir sagen (hoffentlich).

Mit einem Mal sind wir wichtig für andere und können ihnen die gleiche Wertschätzung entgegenbringen, die auch wir uns von ihnen wünschen. Zudem können wir unseren Mitarbeiter*innen dabei helfen, dass sie ihre Fähigkeiten bestmöglich einbringen und sich weiterentwickeln. Wie wir dies tun, obliegt allein uns. Wir können unsere eigenen *Führungsgrundsätze* entwickeln, indem wir uns fragen, wie wir unsere Mitarbeiter*innen führen und begleiten wollen. Wir können unsere Erwartungen an sie formulieren und artikulieren, sowie unsere Werte, rote Linien und Freiheiten darlegen. Was wollen wir fordern und wie fördern? Nicht nur die Ansprache mit Sie oder du, sondern auch die Arbeitszeiten und für uns wichtige Regeln legen wir fest.

Mit jedem neuen Tag der Zusammenarbeit merken wir, wie kostbar es ist, mit anderen Menschen zu wirken und wie ein im besten Fall harmonisches Orchester gemeinsam Höchstleistungen zu erbringen und jede Menge Spaß zu haben. Natürlich birgt auch die Mitarbeiterführung unzählige erste Male und spannende Momente, wie Teamsitzungen, in denen man das Team nicht nur informiert, sondern auch motivieren und manchmal auch zusammenführen oder Konflikte schlichten muss. Als Chef*in erfahren wir so manches von unseren Mitarbeiter*innen, das nicht nur unseren Verstand bewegt, sondern auch unser Herz.

Natürlich *dürfen* wir mit unserem Team auch so manchen Arbeitserfolg feiern, es uns auf gemeinsamen Festen gut gehen lassen und uns vielleicht sogar bei Teambuilding-Maßnahmen menschlich noch näherkommen. In jedem Fall können wir als Gründer*innen so viel Eigenes etablieren, wie wir mögen. Natürlich auch eine eigene Unternehmenskultur, indem wir uns fragen, was uns als Team, Unternehmen auszeichnet.

Die Möglichkeit, dass wir uns selbst mithilfe unserer Mitarbeiter*innen unsere eigene ideale Arbeitswelt erschaffen *können*, ist unbezahlbar. Ebenso wie das positive Grundrauschen im gesamten Unternehmen, das jede*n beschwingt durch die Tage trägt, sowie ein eigener unverwechselbarer Spirit, mit dem sich alle verbinden. Wenn wir unser Team gefunden haben, bekommen wir dadurch mehr, als auch mal ausspannen zu *können, weil* wir nicht unter Vollstrom alles allein regeln müssen.

Unser Team bringt Leben in die Bude, beflügelt uns, gibt uns die Chance, unternehmerisch erwachsen zu werden, und lässt unser Unternehmen wachsen, weil zwei mehr schaffen als einer, drei mehr als zwei. Sehen wir unsere Mitarbeiter*innen daher als das an, was sie wirklich für uns sind:

Haltgeber*innen.

Kraftspender*innen.

Mutmacher*innen.

Glücksbringer*innen.

»Ja, aber…«

»Wenn meine Mitarbeiter*innen nicht das tun, was ich will, oder die Aufgaben so abarbeiten, wie es mir nicht gefällt?«

Wer Kinder hat, weiß, wie oft man als Mutter oder Vater – neben aller Freude – verzweifelt und nicht weiß, was man mit seinem Nachwuchs machen soll. Denn ab und an machen Kinder eben *nicht* das, was man will, sondern genau das Gegenteil. Und? Ist das tragisch? Manchmal ja, öfter nicht, kommt drauf an.

Und mit Mitarbeiter*innen verhält es sich nicht anders. Auch sie tun nicht immer, was wir wollen, oder so, wie wir es wollen. Doch auch bei ihnen lohnt sich ein genauerer Blick, denn vielleicht sind ihre Lösungen ja besser als die unseren. Vielleicht wissen sie eher, was sie tun und wie sie es tun, als wir. Mitarbeiter*innen geben uns die Möglichkeit, sprunghaft zu lernen, weil sie eigene Meinungen, Ideen und Arbeitsschritte mitbringen, von denen wir profitieren können – wenn wir offen dafür sind, uns ihre Sicht anzuhören und uns ihre Wege anzusehen.

Natürlich wird es aber auch vorkommen, dass unsere Mitarbeiter*innen einfach nicht die Leistung bringen oder das Verhalten an den Tag legen, das wir uns wünschen. Und auch hier hilft, was uns bei Kindern ganz natürlich erscheint (weil es auch so ist): Das Wissen um die Notwendigkeit der eigenen Entwicklung, des Trainings, des Fehler-Machens-und-daraus-Lernens. Auch Mitarbeiter*innen erfordern Geduld, wie wir.

Betrachten wir sie doch – wertschätzend gemeint – als unsere Unternehmenskinder, die zu uns gehören und denen wir bedingungslos helfen. Auch wenn's mal Uneinsichtig- oder gar Streitigkeiten gibt, können wir wie in jeder guten Familie dafür sorgen, dass sich am Ende alle wieder wohlfühlen, weil jeder merkt, dass er ein wichtiger Teil des Ganzen ist.

Gebraucht.

Geachtet.

Gewollt.

Vom Glück des Gründens

Ein Gastbeitrag von Vlad Lata

Was macht das Glück des Gründens aus? Das ist eine sehr spannende Frage, die ich mir in dieser Form nie gestellt habe. Als Gründer bin ich jedes Mal so tief drin, so motiviert von dem Ziel, Leuten zu helfen, und so verärgert über den Status quo, dass ich immer das Gefühl habe, die Lösung hätte eigentlich schon gestern da sein sollen. Gleichzeitig gibt mir dieser Prozess so viel Energie und Motivation, dass ich nur noch wie ein »Süchtiger« nach vorne schaue. Ich will mehr und mehr.

Ich habe zwei Gründungen, auf die ich bis jetzt zurückblicken kann. Wenn ich zurückdenke und reflektiere, sind es definitiv unterschiedliche Gründe, warum diese Erfahrungen mir so viel Freude gebracht haben.

Mit 23 haben ich gemeinsam mit drei Freunden Konux gegründet. Konux baut KI-Systeme für die Eisenbahn und hat sich mittlerweile zu einem der Top-KI-Unternehmen in Europa entwickelt. Zu Beginn sind wir, ehrlich gesagt, eher in das Unternehmertum »reingerutscht«. Wir waren vier Jungs, die motiviert waren, eine sehr konservative Branche zu verändern, aber hatten keinen Plan und waren – was unsere Fähigkeiten eingeht – sehr optimistisch. Bei dieser ersten Gründung waren definitiv das Team und wie wir als Team Herausforderungen überstanden haben, die Gründe, die mich sehr glücklich gemacht haben. Als leidenschaftlicher Basketballspieler fühlte ich mich wie in einer sehr langen Saison, in der wir um die Meisterschaft kämpfen. Jeder Tag brachte unglaublich viele Herausforderungen, mehr als einmal standen wir vor komplexen Themen, ohne eine Ahnung zu haben, wie wir diese angehen würden. Aber jedes Mal sind wir durchgekommen, jedes Mal hatte ich das Gefühl: Wir ziehen alle an einem Strang, und wir wollen und werden diese Company groß aufbauen, egal welches Hindernis vor uns liegt. Jedes Mal, wenn ich traurig oder müde war, musste ich nur mit meinen Mitgründern sprechen, und meine Motivation und Energie war wieder bei 150 Prozent. Mit Andreas, Dennis und Max zu arbeiten und etwas aufzubauen, das noch niemand in unserem jungen Alter in Deutschland versucht hat, hat mich sehr glücklich gemacht.

Nach sechs Jahren Konux dachte ich mir: Jetzt habe ich so viel gelernt, dass ich es mir zutraue, noch einen härteren Brocken anzufassen: die Hausärztliche Versorgung in Deutschland. Bei Avi Medical bauen wir einen neuen Standard für Allgemeinmedizin in Deutschland, indem wir unsere eigenen Praxen betreiben und diese durch Technologie zehnmal besser für Patienten und Ärzte machen. Bei Avi macht mich das positive Feedback, das wir von Ärzten und Patienten bekommen, sehr glücklich. Bei jedem Schritt in unserer Entwicklung begegnen mir Patienten, die sagen: »Endlich, das hätte es schon länger geben müssen.« – »Ihr seid die Ersten, die mir wirklich geholfen haben.« Und viele Ärzte, die sagen: »Genau so wollte ich immer arbeiten.« – »So eine Praxis habe ich mir immer gewünscht.« Diese Aussagen geben mir so viel Energie und bescheren mir so viel Motivation. Es ist am schönsten, wenn man etwas aufbauen kann, worüber sich so viele Leute freuen. Zusätzlich freut es mich sehr, dass ich mein Wissen anwenden kann, um ein

Problem zu lösen, das für uns alle wichtig ist, für uns selbst, für unsere Familien, für die Gesellschaft. Und natürlich habe ich wieder unglaublich Glück, mit Julian und Chris zwei tolle Mitgründer zu haben.

Auf den Punkt gebracht: Gründen macht glücklich wegen der Menschen, mit denen man zusammenarbeitet, und weil man vielen Menschen helfen kann.

Über den Gastautor

Vlad Lata, Jahrgang 1990, ist CEO und Mitgründer von Avi Medical, dem ersten deutschen Start-up für digitale Primärversorgung, das Software und Medizin aus einer Hand anbietet und es Ärzten ermöglicht, durch Digitalisierung mehr Zeit mit ihren Patienten zu verbringen. Avi hat es sich zur Aufgabe gemacht, die Gesundheit unserer Gesellschaft zu verbessern, indem es einen einfachen Zugang zu evidenzbasierter Medizin bietet. Vor der Gründung von Avi Medical war Vlad Lata auch stellvertretender Vorsitzender, Chief Technology Officer und Mitbegründer von Konux, wo er sich auf die Entwicklung der Produkt- und Technologievision des Unternehmens konzentrierte und das Unternehmen nach außen vertrat.

12

Sich selbst immer besser kennenlernen und verwirklichen

W*er sind Sie wirklich?*
Was können Sie wirklich?
Was zeichnet Sie wirklich aus?
Was wie der Einstieg in ein philosophisches Werk klingt, das Antworten auf einige der wohl größten Fragen unseres Lebens verspricht, erscheint in einem Buch wie diesem gänzlich fehl am Platze. Schließlich geht es hier ausschließlich um die Lust an der Selbstständigkeit beziehungsweise dem Unternehmer*innentum. Aber da wir es sind, die gründen, lohnt sich eben auch der Blick – über den Unternehmenstellerrand hinaus – auf uns selbst.

Also: Wer sind Sie *wirklich*? Was können Sie *wirklich*? Was zeichnet Sie *wirklich* aus?

Moment, warum die Wiederholungen von »wirklich«? Reichen die Fragen an sich nicht schon aus, um sich tage-, wenn nicht gar wochenlang mit ihnen zu beschäftigen? Nun, »wirklich« ist deshalb so wichtig, weil uns erst dadurch bewusst werden kann, dass es bei dem, wer wir sind, was wir können, was uns auszeichnet, *nicht* um das von uns Gedachte, Erdachte, Vorgestellte geht, sondern um das Wirkliche, Echte, Greifbare (und oft Unbewusste).

Gedanken erschaffen Illusionen, und es kann durchaus Freude bereiten, ziellos mäandernd zu philosophieren. Doch gerade, weil Vorstellungen und Wirklichkeit oftmals nicht zusammenpassen, empfiehlt es sich für uns Gründer*innen, das Denken um das Tun zu erweitern. Was kompliziert klingen mag, ist es gar nicht, denn oftmals denken wir, jemand zu sein, der wir in Wirklichkeit gar nicht sind. Wir denken, Dinge zu können, die in Wirklichkeit gar nicht unsere wahre Kunst sind.

Gründen befreit unseren Geist, entfesselt unser echtes Können und erweitert unser Wissen über uns selbst, weil wir mit jedem Tag als Gründer*in mehr Klarheit über uns bekommen. Wir entwickeln uns, indem wir uns zuerst zurückentwickeln, schöner formuliert, indem wir uns aus-wickeln, ab-wickeln, was nicht wirklich zu uns gehört, bis wir an den Kern unseres wahren Selbst gelangen.

Was spannend, vielleicht etwas spirituell, klingt, ist es auch. Manchmal bekommen wir hierbei sogar feuchte Augen, weil uns manche Schicht, die wir ent-wickeln, zu Tränen rührt. Wie beim Zwiebelschälen sind es meist weder Freuden- noch Trauertränen, sondern es handelt sich einfach um eine natürliche Reaktion. Was raus muss, muss eben raus. Und beim Ent-wickeln unserer Persönlichkeit kommt oft auch Überraschendes zutage, was uns berührt.

Doch genau diese unsichtbaren und teilweise über viele Monate und Jahre dauernden Entwicklungsprozesse sind es, die das Gründen so individuell, so unbeschreiblich machen. Jede*r von uns erfährt neue, oft unerwartete Zugänge zu sich selbst, und niemand von uns weiß, auf welchem Wege dies geschieht, noch wann.

Dieses durchs Gründen erlangte oder zumindest verstärkte Wissen über unsere wahren Fähigkeiten, Eigenschaften, Talente und Neigungen ist unverzichtbar, weil wir nur dann privat und beruflich erfüllt leben können, wie wir es wirklich wollen, wenn wir wissen, wer wir wirklich sind und was uns wirklich ausmacht. Erst, wenn wir unsere Stärken, Schwächen, Eigenheiten kennen und wissen, wie wir ticken (und warum), kommen wir in unser Element und fühlen uns pudelwohl.

Manche Menschen finden diese Erkenntnisse auf privaten Wegen, was wundervoll ist. Gründer*innen finden sie meist über ihren Unternehmensweg, was nicht minder voller Wunder ist. Ob privat oder beruflich: Ein wahres Erkennen findet in jedem Fall nur über das eigene Tun statt, durch Erlebnisse und neue Erfahrungen.

Gründer*innen haben eine Garantie auf das notwendige Neue, weil einfach alles neu ist, wenn man (zum ersten Mal) gründet. Das Beste daran: Viele dieser Neuigkeiten würden wir als Privatperson niemals erfahren dürfen, weil sie uns dort einfach nicht begegnen. Als Gründer*innen bieten sich uns somit unentwegt neue Möglichkeiten, den Weg zum wohl wichtigsten Ort dieser Welt einzuschlagen: zu uns selbst.

Die eigenen Fähigkeiten leben und sich ausleben

Wie schön wäre es, wenn wir den ganzen Tag (oder zumindest einen Großteil davon) das tun könnten, was wir lieben und wirklich gut können? In diesem Fall würden wir nicht nur sehr viel Spaß bei der Arbeit haben, sondern könnten sicherlich auch gute Leistungen erbringen, oder?

Warum nutzen wir also nicht unsere größten Stärken und bringen sie bestmöglich in unser Unternehmen ein? Oder noch einen Schritt weitergedacht: Warum bauen wir unser Unternehmen nicht einfach um unsere Fähigkeiten herum auf? Möglich ist alles, und wir dürfen entscheiden, was unser Weg ist. In jedem Fall sollten wir jedoch unsere besten, stärksten, größten Fähigkeiten kennen. Kennen Sie Ihre? Ihre Top 3? Wenn ja, dann schreiben Sie diese doch einfach einmal auf. Aber bitte so konkret wie möglich. Wenn Sie beispielsweise gut organisieren können, dann reicht es nicht, wenn Sie »Organisationstalent« notieren. Das ist zu allgemein, und im Zweifel gibt es mehrere Tausend, wenn nicht gar Millionen Menschen, die das Gleiche von sich behaupten würden. Konkretisieren Sie das, was Sie genau können, indem Sie sich fragen: Was *genau* organisiere ich am liebsten/besonders gut? Eher Dinge, Menschen, Prozesse? Kann ich besonders schnell organisieren oder bin ich besonders gründlich? Denke ich vernetzt und beachte auch das, was andere nicht auf dem Zettel haben? Organisiere ich vorausschauend, ganzheitlich, kosten-, nutzen- oder menschenorientiert...?

Je klarer Sie Ihre größten individuellen Fähigkeiten kennen, desto schneller und leichter werden Sie damit etwas Vorzeig- und Vermarktbares in Ihrem Unternehmen auf die Beine stellen und vermarkten können. Wenn wir um unsere wahren Stärken wissen, können wir gezielt Räume schaffen, in denen wir sie ausleben können. Sind Sie besagtes Organisationstalent mit vernetztem Denken, Detailversessenheit und ganzheitlichem Planungsansatz, könnten Sie hieraus eine Dienstleistung kreieren, zum Beispiel für Firmen, die größere Projekte planen.

In unserem Unternehmen sind wir, mindestens zu Beginn, unser*e wichtigste*r Mitarbeiter*in, den*die wir bestmöglich einsetzen sollten. Gründen heißt somit auch, sich selbst zu führen, und dafür ist es zwingend notwendig, zu wissen, wie wir ticken, was uns liegt und was nicht. Denn auch unsere Schwächen gehören zu unserer Persönlichkeit und können in der Regel nicht per Knopfdruck abgestellt oder in

Stärken verwandelt werden. Was nicht schlimm ist, nur müssen wir das wissen, damit wir einen bestmöglichen Umgang mit ihnen finden.

Wer beispielsweise kein Organisationstalent ist, sondern eher ein*e kreative*r Chaot*in, sollte möglichst kein Buchhaltungsunternehmen gründen. Was unsinnig klingen mag, weil wohl niemand auf eine solche Idee kommen würde, erweist sich bei mancher Gründung als lohnenswerter Vorab-Gedanke. Denn nicht immer ist jedem*r Gründer*in zu 100 Prozent klar, was alles mit der jeweiligen Gründung zusammenhängt.

Wer beispielsweise von einer Boutique träumt, weil er/sie Mode liebt, aber keine Ohren und Augen hat für die Modewünsche anderer, kein Händchen für die Präsentation der Produkte und kein Gefühl für eine Modeberatung, wird die falschen Stücke kaufen, sie schlecht präsentieren, niemanden dafür gewinnen und darauf sitzen bleiben.

So wie man nicht aus jeder Leidenschaft ein Unternehmen machen kann, so kann man nicht jede Fähigkeit unternehmerisch nutzen. Es sei denn, man ist sich seiner wahren konkreten Fähigkeiten bewusst und weiß, dass die meisten von ihnen wandelbar sind. Ein*e gute*r Verkäufer*in kann Küchen meist ebenso gut verkaufen wie Büromöbel oder Autos.

Wenn wir unsere Grundfähigkeiten kennen, können wir die richtigen Formen für sie finden und sie ausleben. Durch dieses Arbeiten von innen nach außen entfalten wir unsere wahre Wirkung, die uns glücklicher macht, weil wir tun, was uns wirklich liegt.

Neue schöne Seiten an uns kennenlernen

Wir sind, wer wir sind, und tun, was wir tun, wegen unserer Erfahrungen und unterbewusster Glaubenssätze. Jede Situation und jedes Erlebnis mit Menschen ist ein Spiegel unseres Denkens und Handelns und damit von uns selbst. Viele wichtige Erkenntnisse kommen uns leider erst später, manchmal zu spät, wenn wir auf längst vergangene Entscheidungen zurückblicken. Man kann das Leben eben nur vorwärts leben und es meist erst rückwärts verstehen.

Als Gründer*innen dürfen wir jedoch die eine oder andere Erkenntnisabkürzung nehmen, indem wir unsere Reise starten, die zwar vordergründig ins Unternehmertum führt, aber tiefgründig vor allem zu uns selbst. Durch die immer wieder neuen Situationen, Probleme, Menschen, Erfolge wie Misserfolge wird uns gespiegelt, wer wir aktuell sind, was wir derzeit können. Jedes Neue, was auch immer es sei, leuchtet wie eine Taschenlampe in unsere bisher dunklen inneren Räume. Wir dürfen gespannt sein, was die Lampe darin an Hilfreichem aufdeckt.

Oftmals finden wir erst durch das Erleben von etwas Neuartigem heraus, was in uns steckt an bisher unentdeckten Schätzen, die zwar schon lange da waren, aber bisher nie beachtet wurden. Das Licht des Gründens scheint auch in unbeleuchtete Ecken und bringt dadurch so mach Überraschendes ans Licht:

Fähigkeiten, die bisher nie oder selten gebraucht wurden.

Wissen, das bisher nie oder selten nachgefragt wurde.

Neigungen und Talente, die man selbst vergessen hatte.

Mit jedem neuen Tag entdecken wir neue Facetten an uns selbst, weil erst die Unternehmens-Taschenlampe mit ihren neuen Herausforderungen sie freilegt. Der altbekannte Spruch »Es steckt mehr in uns, als wir denken« stimmt in der

Tat. Gründer*innen dürfen sich darüber freuen, immer neue Seiten an sich zu entdecken, die sie noch nicht kannten, weil einen das Unternehmer*innen-Leben im wahrsten Sinne herausfordert. Es fordert das, was drin ist, auf herauszukommen.

So ergeht es uns Gründer*innen wie Word, von dem Schreibprogramm wird auch nur ein Bruchteil der möglichen Funktionen genutzt, obwohl damit so viel mehr möglich wäre. Dies findet man aber erst dann heraus, wenn man vor einer Aufgabe steht, die man mit den bisherigen Bordmitteln nicht bewältigen kann. Erst dann geht man auf eine spannende Entdeckungsreise nach den Möglichkeiten, von denen wir noch nichts wissen.

In jeder neuen Rolle wir selbst sein

Kennen Sie den Kurs, wie man garantiert und auf direktem Weg zum/zur erfolgreichen Unternehmer*in wird? Nein? Kein Grund zum Ärgern. Es gibt ihn auch nicht. Natürlich existieren unzählige Handbücher darüber, worauf man beim Gründen achten sollte, die sehr hilfreich sein können. Aber hier findet man meist Hilfe bei den fachlichen Themen und erhält, wenn überhaupt, nur Hinweise auf die essenziellen Räume, die wir mit Leben füllen müssen, damit sie glänzen. Aber wie wir das genau machen in unserem Unternehmen, finden wir nur heraus, wenn wir es so tun, wie es uns eben entspricht.

Natürlich können wir uns andere Unternehmer*innen ansehen und versuchen, ihnen nachzueifern. Bei manchen Dingen kann dies durchaus sinnvoll sein, beispielsweise bei rationalen und vergleichbaren Entscheidungen, die sie treffen. Aber niemals sollten wir versuchen, jemand zu sein, der wir nicht sind. Was wieder einmal logisch, fast nicht erwähnenswert klingt, ist es als Gründer*in umso mehr. Denn wir werden quasi dazu gedrängt, als eine Persönlichkeit in mehrere Rollen zu schlüpfen, weil sie alle zu unserem Unternehmer*innen-Ensemble gehören.

Wir sind Chef*in, Entscheider*in, Ratgeber*in, Mutmacher*in, Geschäftspartner*in, Akquisiteur*in, Verhandler*in und vieles mehr. Oftmals sogar mehrmals täglich im Wechsel. Alle Rollen erfordern, wie auch im Schauspiel, andere Fähigkeiten. Als Akquisiteur*in müssen wir überzeugend sein, andere mitreißen können, was wir als Verhandler*in zwar auch sein müssen, aber eben auf andere Art.

Die Vielzahl an Rollen kann uns schnell verwirren und dazu drängen, uns scheinbaren Rollenidealen oder unsichtbaren Vorgaben unterzuordnen. Die Gefahr hierbei ist, dass wir uns von uns selbst entfernen und irgendwann nicht mehr wir selbst sind, sondern Abziehbilder irgendwelcher Rollen. Wir dürfen natürlich lernen, dass unterschiedliche Aufgaben ebenso unterschiedliche Herangehensweisen erfordern wie unterschiedliche Rollen unterschiedliche Spielweisen. Doch idealerweise orientieren wir uns nicht daran, wie die Aufgabe grundsätzlich erfüllt wird, sondern fragen uns: »Wie machen wir es?«

Wenn Sie beispielsweise eher introvertiert sind und bei einer Veranstaltung vor 500 Menschen Ihr Unternehmen präsentieren sollen, ist es nicht sinnvoll, so zu tun, als seien Sie eine extrovertierte Rampensau. Sie müssen *Ihren* Weg finden, wie Sie diese Aufgabe meistern. Manchmal ist es besser, einer Aufgabe seinen - wenn auch ungewöhnlichen - Stempel aufzudrücken, als von der Aufgabe erdrückt zu werden.

Wenn Sie an Führungskräfte denken, werden Sie vielleicht schon den einen oder die andere erlebt haben. Alle hatten im

Kern die gleiche Aufgabe, nämlich sicherzustellen, dass Sie als Angestellte*r irgendeine definierte Leistung erbringen, um damit ein definiertes Ziel zu erreichen. Doch trotz gleicher Aufgabe wird jede Führungskraft diese anders angegangen sein. Manche dominant, andere kooperativ. Einige eng begleitend, andere im Laisser-faire-Stil.

Was wir hieraus für uns als Gründer*innen lernen können, ist, dass wir selbst entscheiden dürfen, wie wir welche Rolle ausfüllen. Im Zweifel ändern wir bestehende klassische Rollendefinitionen einfach und passen sie für uns an, damit wir uns für sie nicht verstellen müssen. Natürlich kann es sein, dass auch wir in manche Rollen erst hineinwachsen müssen, was vollkommen normal ist. Doch sollten wir eine Rolle niemals spielen, sondern immer sein, wer wir sind. Doch dazu müssen wir wissen, wer wir sind – und wer nicht.

Hierbei hilft uns die tägliche Beschäftigung mit unserem Unternehmen sowie den Aufgaben, die anliegen, und der Selbstreflexion, wie viel von uns selbst darin steckt oder stecken könnte. Vor allem Extremsituationen sind dazu geeignet, dass wir uns wirklich kennenlernen. Denn wenn etwas Überraschendes urplötzlich geschieht und unsere 100-prozentige Präsenz, unser sofortiges Handeln erfordert, handeln wir intuitiv aus uns selbst heraus. Wenn wir aufmerksam sind, lernen wir bereits aus diesen oft seltenen, aber dafür unglaublich intensiven Momenten mehr über uns als aus 20 Jahren Alltagsroutine.

Menschlich rundum glücklich werden

Wir sind keine getrennten Menschen, auch, wenn wir uns privat meist anders verhalten als beruflich. Alles, was in unserer Freizeit passiert, hat auch einen Einfluss auf unsere Arbeit. Haben wir einen Streit mit unserem*r Partner*in, dann können wir dies nicht einfach so abschütteln, wenn wir »den Dienst antreten«. Und auch umgekehrt macht es etwas mit uns und unserem Freizeitglück, wenn wir einen schlechten Tag am Arbeitsplatz hatten.

Daher hat auch alles, was wir mit und in unserem Unternehmen erleben, eine Auswirkung auf uns als Mensch und somit auf unser Privatleben. Gleichzeitig sagt auch jede Entscheidung, die wir treffen, etwas über uns selbst aus, weil wir nie 100-prozentig als Unternehmer*in entscheiden können und zu null Prozent als Privatperson. Alles, was wir tun, erzählt uns auch etwas über unser bewusstes wie unbewusstes Wertesystem. Unser Unternehmen erzählt uns somit viel mehr über uns selbst, als wir es manchmal ahnen.

Als Gründer*in sind wir daher oft nur oberflächlich mit irgendwelchen Herausforderungen konfrontiert. Unsere Erfahrungen, Glaubenssätze, Stärken und Schwächen, Sorgen und Ängste schwingen immer ein Stück weit mit und beeinflussen das, was wir denken und tun. Wenn wir uns beispielsweise privat ungern streiten, ist es wahrscheinlich, dass wir Streitigkeiten in unserem Unternehmen eher aus dem Weg gehen wollen, was als Gründer*in nur nicht geht, weil wir es letzten Endes sind, die klären müssen, was geklärt werden muss.

Dieses Sich-stellen-Müssen ist eine unglaublich gute Schule für uns, weil wir uns vor Problemen nicht drücken und unsere eigenen Defizite nur bedingt verstecken können. Wir dürfen lernen, mit unseren Sonnen- und Schattenseiten umzugehen, und werden dadurch ein vollkommenerer Mensch. Auch, weil wir durchs Unternehmer*innentum andere Blickwinkel auf uns selbst einnehmen. Denn wir kommen in Situationen, die in einer für uns neuen Umgebung geschehen, die wir mit den Werkzeugen bewältigen müssen, die wir zur Verfügung haben, uns aber manchmal nicht weiterhelfen. Hierüber richten sich die inneren Scheinwerfer auch auf unsere blinden Flecken, die wir erst dadurch loswerden, dass wir sie erkennen.

Erst ent-wickeln, dann er-wachsen

Bevor wir uns also weiterentwickeln und entfalten können im Sinne neuer Fähigkeiten, höherer Durchschlagskraft und größerem Wirkungsgrad, müssen wir unsere eigene Komfortzone kennen und wissen, wer wir sind – mit allem, was dazugehört. Trauen wir uns, uns nackt zu machen (am besten nur bildlich vor unserem inneren Auge), und akzeptieren wir uns so, wie wir heute sind. Eine gesunde Selbstliebe und das Wissen um die eigenen (Mehr-)Werte kommen nicht nur uns und unserem Umfeld zugute, sondern auch unserem Unternehmen. Aus unserem Selbstbewusstsein kann ein Selbstwertgefühl erwachsen, das uns in unsere volle Kraft bringt, wenn wir eine der wichtigsten Fragen unseres Lebens mit einem überzeugten »Ja« beantworten:

Trauen wir uns, zu sein, wer wir *wirklich* sind?

»Ja, aber...«

»Was, wenn ich feststelle, dass ich nicht gut genug bin und es als Unternehmer*in nicht schaffe?«

Kennen Sie die vermeintliche Weisheit »Leiste was, dann haste was, dann biste was«? Ist sie nicht furchtbar!? Würden wir alle nach dieser Prämisse leben, dann hieße dies, dass wir erst etwas leisten müssten, um dadurch etwas zu haben, zum Beispiel Anerkennung, Besitz oder Geld, um erst damit jemand zu sein.

Dieses Leistungsprinzip ist wohl einer der mächtigen unsichtbaren Treiber einer katastrophalen Entwicklung, die unsere Gesellschaft fest im Griff hat. Erst durch unsere sichtbaren Leistungen und sichtbaren Erfolge scheinen wir etwas wert zu sein. Dabei ist es genau andersherum.

Erst dann, wenn wir wissen, wer wir sind, was uns besonders und einzigartig macht, können wir etwas leisten, das uns liegt, voranbringt, mit Freude erfüllt. Als Gründer*in dürfen wir schnell feststellen, wie erfüllend und natürlich diese Prinzipienumkehr sein kann, ohne den Drang, etwas Wertvolles (er-)schaffen zu wollen, abzulegen. Schließlich haben wir gerade den Weg in die Selbstständigkeit genommen, um *nicht* zu leisten, was andere von uns verlangen, und *nicht* abhängig zu sein vom Goodwill anderer.

Ob Sie's bereits wissen oder nicht: Jede*r von uns besitzt bereits Eigenschaften, Fähigkeiten, Talente, mit denen er*sie etwas (oft mehr als) Gescheites anfangen kann. Was in der Tat zu oft fehlt, sind die Brücken, die unsere Einzigartigkeit in die Wirklichkeit transportieren. Im Unternehmertum werden diese Brücken meist sehr schnell sichtbar, weil Sie sofort spüren werden, worin Sie stark sind und auf welchen Gebieten Sie noch etwas lernen dürfen.

Das Wichtigste bei allen berechtigten Zweifeln, die Sie hegen (weil Sie vielleicht noch nicht herausfinden konnten, was Sie alles können): Entscheidend für eine erfolgreiche Gründung sind weniger das Wissen und Können, sondern vielmehr das Wollen. Ein unbändiger Wille findet immer einen Weg, um das zu erreichen, was er sich in den Kopf gesetzt hat. Wenn sich zum Willen noch ein Glaubenssatz gesellt, kann eigentlich nichts mehr schiefgehen: »*Ich bin gut genug. Ich war es schon immer und werde es auch immer sein.*«

Warum Gründen glücklich macht

Ein Gastbeitrag von Wanja Oberhof

»Das Geheimnis des Glücks ist die Freiheit und das Geheimnis der Freiheit ist der Mut.« (Perikles)

Der offensichtlichste Grund, warum Gründen glücklich macht, und auch meine persönliche Triebfeder war von Anfang an die *Freiheit*, die das Gründen bringt. Denn es ist allein mir überlassen, was ich gründe und mit wem ich gründe. Außerdem sorgt wirtschaftlicher Erfolg beim Gründen natürlich für eine materielle Freiheit, die im Angestelltendasein kaum erreichbar ist. Aber Freiheit bedeutet gleichzeitig Verantwortung. Konkret – wenn es um Gründen geht – Verantwortung, mein eigenes Schicksal in die Hand zu nehmen, ob Erfolg oder Misserfolg.

Um wiederum diese Freiheit zu ergreifen und den eigenen Weg einzuschlagen, braucht es eine gehörige Portion *Mut.* Denn es gibt keine Ausreden mehr, niemanden, hinter dem man sich verstecken oder dem man die Schuld zuweisen kann.

Am Anfang steht jedoch die Frage, was ich eigentlich gründen will und mit wem ich die viele Zeit verbringen möchte, die beim Gründen zwangsläufig investiert werden muss.

Zwei der wichtigsten Fragen im Leben sind: Was will ich? Und wie will ich es erreichen? Je besser man versteht, welche Themen für einen selbst die größte Faszination haben, desto besser kann man die eigenen Talente in der eigenen Gründung einsetzen und umso mehr Glück wird der*die Gründer*in verspüren.

Neben Mut gilt besonders *Durchhaltevermögen* als ein wichtiges Kriterium für erfolgreiches und damit glückliches Gründen. Gründen ist ein langwieriger und fortlaufender Prozess. Amazon-Gründer Jeff Bezos hat die Day-1-Mentalität besonders geprägt. Er erwartete von sich und seinen Mitarbeitern auch nach Jahrzehnten, in denen Amazon zwischenzeitlich zum wertvollsten Konzern der Welt aufgestiegen war, Geschaffenes immer wieder infrage zu stellen und die Unternehmung neu zu denken, als sei es Tag 1.

Tatsächlich steckt im Wort Unternehmen ein Grund, warum Gründen glücklich macht. Gründer »unternehmen« etwas, sie packen selbst an und sind ihres Glückes Schmied. Um dein Glück selbst zu gestalten, solltest du dich nicht nur auf andere verlassen, sondern selbst handeln. Genau das machen Gründer*innen und Unternehmer*innen tagtäglich. Dabei spielt es im Übrigen keine Rolle, ob es sich bei der Gründung um das nächste Milliardenunternehmen, ein KMU, einen Kiosk oder eine Stiftung handelt.

Aber auch wenn man das für einen persönlich faszinierendste Thema gefunden und seine eigenen Talente ideal eingesetzt hat – ist Gründen natürlich nicht nur Glück pur. Der Journalist Claus Jacobi hat mal gesagt, das Glück sei wie ein Schmetterling, der sich auf deine Schulter setzt, du kannst ihn wahrnehmen und dich an ihm erfreuen, aber du kannst ihn nicht festhalten. So ist es wohl auch mit dem Glück des Gründens. Nur, die Wahrscheinlichkeit, den Schmetterling zu spüren, und die Häufigkeit, mit der der

Schmetterling vorbeikommt, ist wohl nie so hoch wie als Gründer*in.

Über den Gastautor

Wanja S. Oberhof hat mehr als 40 Unternehmen weltweit mitgegründet, in sie investiert und mehrere erfolgreiche Börsengänge begleitet, zum Beispiel das Gesundheitsunternehmen Livongo und die Fleischersatzfirma The New Meat Co. Er führt heute als CEO die von ihm gegründete und im Prime Standard notierte The Social Chain AG, einen führenden Social-Commerce-Konzern mit 1.400 Mitarbeiter*innen. Mit seiner Beteiligungsgesellschaft WAOW gründete Oberhof den Company Builder Bridgemaker und ist maßgeblich an der Gründung einer Vielzahl von Technologieunternehmen in Deutschland und den USA beteiligt. Oberhof ist begeisterter Marathonläufer und absolvierte 2018 den Ironman auf Hawaii erfolgreich. Im Einklang mit seiner Mission, soziale Anliegen durch unternehmerische Entwicklung zu fördern, spendet er zehn Prozent seines jährlichen Vermögenszuwachses an die We Are One World (WAOW) Foundation zur Unterstützung von unternehmerischer Bildung in Entwicklungsländern.

13

Seine Passion zum Beruf machen

Können Sie sich vorstellen, dankbar dafür zu sein, dass Sie morgens zu Ihrer Arbeit gehen können? Kennen Sie das Gefühl, wenn Sie am Freitagnachmittag todtraurig darüber sind, erst am Montagmorgen weiterarbeiten zu dürfen? Was wäre, wenn Sie liebend gern an Ihre Arbeit denken und die Gedanken daran nicht nach Feierabend ablegen wie einen schweren nassen Mantel mit dem befreienden Gedanken »Endlich ist die Arbeit vorbei«?

Für manche mag dies nach übertrieben schädlicher Arbeitsliebe klingen, getreu dem Motto: Solche Menschen haben kein anderes (echtes) Leben, keine*n Partner*in, kein*e Kind*er, keine Freund*innen, keine Hobbys, und arbeiten sich dafür aber irgendwann zu Tode.

Mag sein, dass dies bei manchen Extremarbeiter*innen der Fall ist, die sieben Tage die Woche rund um die Uhr nur ihre Arbeit kennen, gar mit ihr verheiratet sind und ohne sie keine Sekunde sein wollen. Aber was ist grundsätzlich falsch daran, sich in seiner Arbeit zu Hause zu fühlen, gern dort zu sein und sich darauf zu freuen? Ist dies nicht für uns alle wünschens- oder gar erstrebenswert?

Auch, wenn wir es manchmal nicht glauben, aber *wir* sind es, die unsere Arbeit auswählen – mit allem, was dazugehört. Niemand bekommt sie gegen den eigenen Willen zugeteilt oder gar aufgedrückt. Wir alle haben die freie (Aus-)Wahl. Manchmal sehen wir sie nur nicht, erkennen nicht unsere wahren Möglichkeiten, weil unsere Blicke zu sehr vom Außen ablenkt sind.

Für die meisten Menschen ist es der Normalfall, dass das Außen maßgeblich darüber entscheidet, welcher Arbeit sie nachgehen. Dies beginnt mit der wichtigen Frage, die wir uns oft erst zum Ende unserer Schulphase stellen: Was werde ich nach der Schule beruflich machen?

Hierzu prüfen wir meist bereits vorhandene Berufsbilder, schauen bei für uns spannenden Unternehmen nach, was man bei ihnen so alles machen kann, oder informieren uns über mögliche Studiengänge, wenn wir noch nicht so recht wissen, was wir wollen, und den entsprechenden Schulabschluss haben.

Es ist wie beim Finden des*r Partners*in: Zuerst verschaffen wir uns einen Überblick über die Möglichkeiten, dann schließen wir die aus, die nicht zu uns passen, die nicht unser Interesse wecken (oder wir das des*r anderen). Daher tasten wir uns immer weiter zu unserem unsichtbaren Ziel voran mit Fragen wie zum Beispiel:

Welcher Beruf könnte am ehesten etwas für mich sein?

Was kann ich mit meinem Notenschnitt überhaupt machen?

Wie helfen mir die Fächer, in denen ich besonders gut war, beruflich weiter?

Haben wir dann etwas im Blick, zumindest eine gewisse Richtung, schauen wir uns genauer an, was uns dort erwarten könnte. Wir prüfen, ob die jeweiligen Rahmenbedingungen einigermaßen für uns passen wie Gehalt, Arbeitszeit, Urlaubstage, Fahrzeit zur Arbeit und so weiter. Irgendwann landen wir dann in einem Beruf – mal mehr, mal weniger zufällig – und stellen nicht selten fest, dass irgendwas nicht richtig passt. Manches fühlt sich zu eng an, manches zu weit. Hier zwickt es, dort kratzt es.

Für viele Menschen fühlt sich ihre Arbeit an wie eine unpassende Kleidung, die drei Nummern zu groß ist, zwei Nummern zu klein oder die ihnen – egal in welcher Größe – nicht steht, weil es nicht ihr Stil ist, ihre *wahre* zweite Haut. Dennoch tragen und ertragen sie zu viele, auch wenn sie sich darin nicht wohlfühlen. Teilweise über Jahre, manche gar bis zur Rente. Warum? Aus Gewohnheit, Bequemlichkeit, Ermangelung sichtbarer Alternativen?

Woran liegt es, dass viele nicht das tun, was sie wirklich gut können und vor allem lieben?

Bei unserer Berufsentscheidung sind wir, wenn wir sie unbewusst treffen, nicht frei, weil diverse äußere Faktoren unsere Entscheidung beeinflussen und lenken. Seien es zu Beginn unserer beruflichen Laufbahn unsere Schulnoten, bei denen wir uns fragen sollten, ob sie wirklich unser wahres (und alleiniges) Können widerspiegeln. Und ob es wirklich klug ist, von unseren Lieblings- oder Gute-Noten-Fächern einen Beruf abzuleiten. Bilden die Schulfächer wirklich *alle* unsere Interessen und Fähigkeiten ab, weil es nichts anderes gibt, das uns im Leben begeistert und uns persönlich ausmacht?

Doch auch die Erfahrungen oder Wünsche unserer Eltern, Meinungen der Geschwister, Empfehlungen von Lehrern sowie die Entscheidungen unserer Freunde beeinflussen uns sehr. Ebenso wie Berichte über Trend-Berufe oder solche, bei denen man viel Geld verdienen kann, oder andere, in denen es cool ist zu arbeiten, bei denen es einen Dienstwagen gibt, die vermeintlich (krisen-)sicher sind, denen irgendwelche Studien eine gute Zukunft voraussagen oder, oder, oder.

Welche »guten Gründe« auch immer um uns und unsere Berufsfindung sowie -wahl herumschwirren mögen: Sie befinden sich alle im *Außen*. Dabei spielt dort das, was für die meisten Menschen das Allerwichtigste bei ihrer Arbeit ist, oftmals gar keine zentrale Rolle: der Arbeitsinhalt, die Antwort auf die Frage »Was mache ich beruflich ganz konkret?«

Es ist verständlich, wenn sich gerade junge Menschen schwer damit tun, aus dem Meer der unendlichen Berufsmöglichkeiten das für sie Richtige zu fischen. Wie soll man auch wissen, worauf es *wirklich* ankommt – für einen selbst, wenn man sich selbst noch nicht einmal wirklich kennt?

Ist es überhaupt möglich, einen Beruf und eine*n Arbeitgeber*in zu finden, bei denen es zu 100 Prozent passt? Bei denen man sich vollkommen wohlfühlt, das macht, was man am besten kann, was man wirklich liebt. Einen Arbeitsplatz, an dem man sich so einbringen und weiterentwickeln kann, wie man es möchte, in seinem eigenen Tempo, mit seinen einzigartigen Facetten, Macken und akzeptierten Schwächen?

*Wie hoch ist die Wahrscheinlichkeit, dass es »da draußen« einen Beruf sowie eine*n Arbeitgeber*in gibt, bei denen genau das möglich ist, was wir wollen, sind und noch sein könnten?*

Gerade weil jede*r von uns ein unverwechselbares Unikat ist mit individuellen Fähigkeiten, Talenten und Interessen, wir uns immer wieder verändern und neu entdecken, ist es wichtig, dass wir auch beruflich das tun, was wir wirklich am besten können und am meisten lieben.

Warum kreieren wir unsere Arbeit nicht einfach aus uns selbst heraus?

Natürlich kann man auch in einer »Kompromissarbeit« sein Glück finden. Man kann sich überall arrangieren, sich manches schöner reden, als es wirklich ist, oder mit dem zufrieden sein, was man hat (auch wenn's nicht das ist, was einen erfüllt). Aber wir *müssen* es eben nicht. Und wir sollten es auch nicht, wenn wir uns selbst etwas wert sind und unsere Zeit nicht mit irgendetwas verplempern, sondern sinnvoll in unserem Sinne nutzen wollen.

Machen wir uns und unserer Traumarbeit doch eine Liebeserklärung. Drehen wir den Berufsspieß einfach um, indem wir uns dem, was im Außen angeboten wird, nicht automatisch anpassen, uns nicht ohne Murren einfügen.

Entwickeln wir unsere Arbeit von innen heraus. Wenn wir auch beruflich (aus-)leben, was in uns ist, sind wir nicht nur mit dem Kopf dabei, sondern auch mit dem Herzen. Und genau hieraus erwächst etwas, das uns niemand geben kann: Leidenschaft. Schon Warren Buffett sagte so schön: *»Ohne Leidenschaft hast du keine Energie. Ohne Energie hast du gar nichts.«*

Wenn wir für etwas Eigenes brennen, uns einer Sache komplett hingeben, steigen nicht nur unsere Chancen darauf, erfolgreich zu sein. Wir sind auch glücklicher, weil unser Feuer aus uns heraus kommt. Und dieses innere Feuer kann von niemandem außen zum Erlöschen gebracht werden. Im Gegenteil. Erst mit ihm können wir auch andere anzünden und begeistern. Nur müssen wir dafür die Richtung ändern, in die richtige Richtung schauen, hören und fühlen. Weg vom Äußeren. Hinein ins Innere.

Erst, wenn wir achtsam in uns hineinhorchen, bemerken wir unseren inneren Ruf. Unsere Berufung, der wir nur folgen müssen.

Erst, wenn wir unsere Augen schließen, sehen wir das unsichtbar Funkelnde in uns. Unsere Passion, die uns lockt.

Und erst, wenn wir uns nach innen vortasten, erfühlen wir unsere wahren Fähigkeiten. Unsere Selbstwerte.

Leben wir auch beruflich von innen nach außen, dann liegt das Glück direkt vor uns.

Wie finden wir in uns, was wir zu einem Beruf machen können?

Wenn bereits alles in uns ist, müssen wir ihm nur helfen, sichtbar zu werden und ihm einen Weg bieten, um nach außen zu gelangen. Wie so oft sind auch hier die einfachen Dinge die besten, wie ein weißes Blatt Papier. Dieses können wir einfach in zwei Spalten einteilen und mit zwei Fragen überschreiben:

1. Was liebe ich wirklich?

Was könnte ich stundenlang tun, ohne müde zu werden? Wo verliere ich die Zeit und vergesse selbst das Essen und Trinken? Was würde ich auch tun, wenn ich dafür kein Geld bekommen würde? Worüber erzähle ich anderen Menschen liebend gern und voller Enthusiasmus? Wovon sauge ich alles auf, was es darüber zu erfahren gibt?

2. Worin bin ich besonders gut?

Was fällt mir besonders leicht? Was kann ich besser als andere? Wobei bin ich besonders schnell, präzise, qualitativ? Wofür bekomme ich besonders oft Lob und Anerkennung?

Was sagen Familienmitglieder und Freunde über meine größten Stärken? Welche Kompetenzen und Fähigkeiten habe ich?

Bis beide Spalten gefüllt sind, kann es etwas dauern. Doch irgendwann ist unser weißes Blatt Papier gut beschrieben – vielleicht sogar schon ein zweites. Dann brauchen wir nur noch zweierlei zu tun:

1. Priorisieren

Alle Punkte einer Spalte in eine Reihenfolge der eigenen Wichtigkeit zu bringen ist nicht immer leicht. Aber das mühevolle Abwägen lohnt sich, weil hierdurch klarer wird, was wir wirklich am meisten lieben und am besten können.

2. Kombinieren

Wenn wir die ersten Punkte unserer zwei Spalten miteinander kombinieren, unsere beiden Top 1, haben wir unsere Berufung gefunden. Manchmal können es auch die jeweiligen Top 1 und 2 sein, deren Kombination für uns einen Sinn ergibt, sich stimmig anfühlt.

Bleibt nur noch die Frage: Was ist das für ein Beruf, der hier (noch) als Geheimbotschaft vor uns liegt? Entweder fallen uns spontan Ideen ein, mit welcher Art von Beruf wir unsere Kombination ausleben und damit auch Geld verdienen können. Ein schönes Beispiel ist der Beruf des*r Kunsttherapeut*in, bei dem künstlerische Leidenschaft mit der (Wieder-)Herstellung von Gesundheit harmonisch Hand in Hand geht.

Wir können auch einen eigenen neuen Beruf für uns erfinden, den es nur einmal gibt und der alles beinhaltet, was für uns wichtig ist, was uns Freude bereitet, was wir besonders gut können.

Alles ist möglich und nur eine Frage unseres Bewusstseins und unserer Kreativität, um dem Inneren eine äußere Gestalt zu geben. Wichtig ist nur, dass wir unserer größten Leidenschaft und unserem besten Können jetzt eine sichtbare Form geben. Am besten, indem wir um beides herum ein Unternehmen gründen.

Warum ist es so wichtig, dass wir auch beruflich das ausleben, was in uns ist?

Wenn wir unserer inneren Be*stimm*ung folgen, dann *stimmt* es einfach, und wir sind bester Stimmung. Arbeiten wir voller Freude, kommen wir leicht in den Flow, der uns mit unserem Tun verbindet und uns abtauchen, Zeit und Raum vergessen lässt. Anstrengungslos können wir dem, was wir tun, unsere volle Aufmerksamkeit schenken, unser tiefes Mitfühlen.

Wenn wir tun, was wir am besten können, fließt alles unangestrengt, weil wir's einfach können und nicht groß nachdenken müssen. Auch Nerviges können wir so leichter ertragen, das mit unserem freudigen Tun zusammenhängen kann, weil auch das Allerschönste nicht immer ohne unschöne Begleiterscheinungen auskommt. Aber dies stört uns kaum, weil wir wissen, dass es dazugehört und das Schöne das Unschöne bei Weitem in den Schatten stellt. Es schmälert weder unsere Freude noch unseren Elan, weil beides sofort wieder da ist, wenn wir wieder »unser Ding machen«, mit unserer Arbeit auf eine gewisse Art verschmelzen.

Zudem hält es uns geistig, seelisch und körperlich gesund, wenn wir auch beruflich ausleben, wer und was wir sind. Die meisten Menschen, die ihre Arbeit lieben, sind seltener krank als die, die einer Arbeit nachgehen, die sie nicht mögen. Ebenso leiden sie weniger unter psychischen Belastungen oder unter Burn-out, weil sie ihre Arbeit nicht ausbrennt, sondern erst brennen lässt und zum Strahlen bringt. Unsere Passion zu unserem Beruf zu machen ist also eine ideale Gesundheitsvorsorge.

Indem wir leben, was wir lieben, und tun, was wir können, erfahren wir irgendwann immer auch äußere positive Resonanz, weil wir in unserem Element sind, unsere volle Kraft und unsere wahre Natur leben und damit unweigerlich für Aufsehen sorgen. Den größten Erfolg für uns selbst erreichen wir jedoch sofort, wenn wir tun, was wir aus uns selbst heraus tun, weil wir den Sinn unseres Handelns mit allen Sinnen hautnah erleben. Jederzeit.

Wie selbst erfolgreich etablierte Unternehmen erst nach und nach ihre Passion entdecken

Wie angesagt das berufliche (Aus-)Leben der eigenen Leidenschaft und die Sinnhaftigkeit des eigenen Tuns sind, belegt der große Trend *corporate purpose*. Immer mehr Unternehmen fragen sich, welches übergeordnete Ziel sie anstreben, welche Werte sie vertreten oder warum es sie überhaupt gibt.

Nicht nur immer mehr Kund*innen möchten mehr von Unternehmen erhalten als Produkte oder Dienstleistungen. Sie wollen das gute Gefühl miterwerben, durch ihr Geld etwas Wichtiges, Positives zu unterstützen. Und auch Mitarbeiter*innen legen bei ihrer Jobsuche immer mehr Wert auf die Werte, Missionen und Visionen der möglichen Arbeitgeber*innen. Sinn ist im Kommen und oft schon vorhanden. Manchmal auch da, wo man ihn so gar nicht erwartet hätte.

Edeka zum Beispiel machte das eigene Verständnis von Qualität und Hygiene mit dem Slogan »Wir lieben Lebensmittel« publik und wurde (auch) damit 2018 zur vertrauenswürdigsten Marke im deutschen Einzelhandel. Wenn selbst die Großen und Erfolgreichen einer eigenen Passion nachgehen und sie immer mehr sogar zum öffentlich sichtbaren Leitbild ihres Handelns machen: Was hindert uns noch daran, es ihnen gleichzutun?

Was gibt Ihnen Sinn? Was ist Ihre Passion? Wie lautet die Zukunftsgeschichte Ihres Unternehmens?

Wissen Sie noch, wie es damals war, als Sie im Sandkasten gespielt haben? Sicher brauchten Sie weder eine Spielanleitung noch jemanden, der Sie zum Spielen motivierte. Sie haben einfach das getan, worauf Sie Lust hatten. Und zwar genauso, *wie* Sie es tun wollten. Holen wir uns dieses Wunder der Kindheit doch einfach zurück in unsere Berufswelt. Arbeiten wir aus uns selbst heraus, und staunen wir darüber, wozu wir mit unserer Freude und unserem Können imstande sind.

Gefunden zu haben, was das Unsere ist, bedeutet, nicht mehr suchen zu müssen, angekommen zu sein, in eigener beruflicher Sicherheit zu leben. Als Gründer*innen haben wir alle Werkzeuge dafür, uns selbst beruflich zu verwirklichen und dabei vielleicht sogar unsere Lebensaufgabe zu finden. Wenn uns dies gelingt, dann verfügen wir über einen Schatz, den nur wenige in ihrem Leben ihr Eigen nennen dürfen. Sie müssen nie wieder arbeiten, weil Sie tun dürfen, was Sie lieben, was Sie können, was Sie sind.

»Ja, aber…«

»Was ist, wenn ich dadurch zum Workaholic werde und nur noch arbeite und kein Privatleben mehr habe?«

Nicht nur unsere Welt ist dual und bietet immer beides wie Licht und Schatten, Ebbe und Flut, Berg und Tal, Liebe und Angst, Krieg und Frieden. Auch wir Menschen brauchen die Dualität des Lebens von An- und Entspannung, Langeweile und Aufregung, Unter- und Überforderung, Arbeit und Freizeit. Es ist nicht einfach, sich zwischen den jeweiligen Polen einzupendeln und seine eigene Mitte zu finden. Aber wenn wir um die Wichtigkeit des Ausgleichs wissen, haben wir die Chance, uns nicht selbst über zu einseitiges Leben aus der Bahn zu werfen.

Ob beruflich oder privat: Das Wichtigste auf beiden Seiten ist, dass wir dort jeweils unser Glück finden. Denn dann gleichen sich unser Privat- und Berufsleben nicht nur aus, sie bereichern sich auch gegenseitig, wenn auf der einen Seite beispielsweise mal nicht die Sonne scheint. Gehen wir wirklich in unserer Arbeit auf, bringen wir Energie und gute Laune mit in unser Privatleben. Kommen wir glücklich von unserer Arbeit nach Hause und sind rundum zufrieden, freuen sich auch unser*e Partner*in, die Familie und Freund*innen, was wiederum uns erfreut und somit für einen wundervollen Kreislauf des Glücks sorgt.

Vom Glück des Gründens

Ein Gastbeitrag von Max Rahmsdorf
und Leopold von Wietersheim

Obwohl wir noch Schüler sind, haben wir mit Studio-Y2 bereits eine Firma gegründet, die weit über eine herkömmliche Marketing-Agentur hinausgeht. Als junge Gründer macht es Spaß, den vermeintlichen Nachteil, jung zu sein, in einen Vorteil zu verwandeln. Und unseren unvoreingenommenen Blick zu nutzen. Mit dem Approach der *Digital Natives*, der eben ganz anders ist. Wir sind Power-User, probieren alles aus, trauen uns und testen viel.

Unsere Unternehmensführung ist anders, total flexibel, weil wir uns unseren Weg zusammenklöppeln – ohne etablierte Schablonen. Wo große Agenturen mit festen Konstrukten arbeiten oder auf spezielle Branchen fokussiert sind, haben wir Bock auf alles. Außerdem sind wir auch alles: Gründer, Kundenmanager, Designer, die Buchhaltung, die Kaffeeküche. Es ist eine echte Belohnung, wenn Kund*innen uns ihr Vertrauen schenken und merken, dass sie in einer unkomplizierten Zusammenarbeit einen Mehrwert haben, den andere eben nicht bieten können. Auch durch eine frische Ästhetik in unseren kreativen Disziplinen. Unsere Freiheit ist ganz einfach: Wir machen das, worauf wir Lust haben. Wir sind verantwortlich für alles – also das Gegenteil von Schule. Prinzipiell haben wir aber nichts gegen Lernen und wollen beide unser Abitur haben. Durch die Schule haben wir uns auch kennengelernt. Das war im Herbst 2019 bei einem Management Information Game. Dabei haben wir gemerkt, dass wir super zusammen unter Druck arbeiten können und fasziniert von der Arbeit des anderen sind. Die fiktive Firma, die wird dort in einer Woche aufgebaut haben, weckte den Wunsch, ein reales Unternehmen zu gründen. Als Minderjährige in Deutschland zu gründen – das geht eigentlich nicht. Es sei denn, man will sich auf einen mühsamen bürokratischen Prozess einstellen. Als wir im Alter von 16 Jahren beim Gewerbeamt saßen, wurden wir ausgelacht. Und sind gegangen. Erst mit 18 hatten wir alle Möglichkeiten. Man bräuchte beim Staat eine*n Ansprechpartner*in für ganz junge Gründer – und sollte überlegen, eine haftungsbeschränkte Unternehmensform für junge Gründer*innen mit Umsatzlimitation einzuführen. Unser Business fing mit Social-Media-Management für schwedische Bio-Knödel an, dann kam eine Video- und Podcast-Serie für eine Berliner Unternehmensberaterin. Es folgten Imagefilme für einen regionalen Sportverein, dann haben wir für soziale und kulturelle Einrichtungen ihr Corporate Design produziert. Fantastisch war, dass wir danach über ein Jahr einen unabhängigen Bürgermeisterkandidaten unserer Heimatstadt Wolfenbüttel im Wahlkampf umfassend begleiten konnten: Wir haben seine Identity aufgebaut, Wahlplakate entworfen und umgesetzt, wir haben vom Kugelschreiber aus Stroh bis zum bedruckten Riesenbus alles möglich gemacht. Leider konnten wir kein Flugzeugbanner über der Stadt kreisen lassen. Viel wichtiger war eine effektive Social-Media-Kampagne. Wir hatten wie auch unser Kandidat keine explizite Erfahrung in der Politik, aber wir haben gewonnen! Wir haben etablierte Parteien ausgestochen – das macht schon stolz. Die Arbeit im Team ist einfach super und für unseren

Erfolg notwendig. Wenn man ein Unternehmen zu zweit gründet, pusht man sich gegenseitig und traut sich mehr. Man hat mehr Durchhaltevermögen. Es ist schon ein Sprung, ob man Einzelgründer ist oder einen Sparring-Partner hat. Es müssen ja nicht gleich 20 Leute sein, mit denen man ein Unternehmen auf die Beine stellt. Was zu unserem Vorteil gehört, ist die Unabhängigkeit von materiellen Dingen. Wir brauchen kein Riesenbüro und keine Sekretärin, wir arbeiten bei Max im Dachgeschoss. Wir haben einen Schreibtisch, vier Stühle, unsere MacBooks, einen Kühlschrank und eine Kaffeemaschine. Wir können überall auf der Welt arbeiten. Wir brauchen nichts außer den Dingen, die uns inspirieren.

Über die Gastautoren

Max Rahmsdorf wurde 2002 in Wolfenbüttel geboren. Seit seinem sechsten Lebensjahr filmt und fotografiert er leidenschaftlich. Er besucht das humanistische Gymnasium »Große Schule« in Wolfenbüttel und absolvierte diverse Praktika in der Werbebranche. Heute ist er neben Foto- und Videoproduktionen für die Unternehmensführung bei Studio-Y2 verantwortlich. In seiner Freizeit nutzt er jede Gelegenheit, um zu reisen.

Leopold von Wietersheim wurde 2003 in Toulouse geboren. Er verbrachte dort seine ersten Lebensjahre, bevor er mit seiner Familie über Herdecke nach Niedersachsen zog. Er besucht ebenfalls das Gymnasium »Große Schule«. Seine Leidenschaft für Design und Kunst entdeckte er früh und absolvierte daher neben seiner Schullaufbahn ab 2018 zahlreiche Praktika in renommierten Unternehmen, um sich kreativ weiterzubilden.

14

Seine Werte
in die Welt einbringen

Eine heile Natur.

Ein intaktes Tier- und Pflanzenreich.

Glückliche Menschen, die ihr Leben genießen.

Eine harmonische Gesellschaft, in der sich alle gegenseitig unterstützen und in Frieden zusammenleben.

Der Traum von einer besseren Welt besteht für jeden aus anderen Bildern, doch wir alle träumen ihn ein Stück weit. Manche von uns haben sogar konkrete Ziele und Wünsche, was sie verbessern würden, wenn sie es könnten, wenn sie an der Macht wären und die Möglichkeiten zum Gestalten hätten.

Was wäre, wenn wir nicht nur vom Besseren träumen, sondern aktiv etwas dafür unternehmen könnten? Wenn wir mehr von unseren eigenen Vorstellungen, Werten, unserem individuellen Ich ins kollektive Wir bringen dürften?

Als Gründer*innen können und dürfen wir es, denn Unternehmertum kann mehr sein als das reine Produzieren von Produkten und das Erbringen von Dienstleistungen gegen Geld. Unternehmerische Aktivitäten können in einem hohen Maße dazu beitragen, die Welt in jedem Fall zu verändern und im optimalen Fall auch zu verbessern.

Mit unserem eigenen Unternehmen haben wir die einmalige Chance, unseren privaten Herzensthemen zu mehr Sichtbarkeit zu verhelfen, ihnen starke Unterstützung an die Seite zu stellen und sie deutlich voranzutreiben. Jede*r Gründer*in kann sich daher mit gutem Gewissen auf den Weg machen, um ihren*seinen persönlichen Beitrag zu leisten, dass sich die Art verändert, wie wir denken, handeln, mit uns, anderen und der Welt umgehen. Im Kleinen wie im Großen.

Der erste Schritt zu (m)einer besseren Welt

Bevor wir aktiv unseren Beitrag zur »Weltverbesserung« leisten, dürfen wir uns darüber bewusst werden, dass es etwas gibt, das mindestens ebenso wichtig ist wie wir und unser Leben (wenn nicht sogar wichtiger). Gemeint sind unter anderem die Natur mit ihrer Flora und Fauna, die faszinierende Tier- und Pflanzenwelt, das Wohl anderer Menschen in unterschiedlichen Ländern, der Frieden untereinander, die Liebe zueinander und vieles mehr, was uns alle betrifft. Wir nehmen in unserem oft stressigen Alltag häufig nicht wahr, wie wichtig dies alles wirklich für uns ist.

Es lohnt sich auch für uns als Gründer*innen, nicht nur für uns und unser Ego aktiv zu werden, sondern auch anderen Gutes zu tun, weil dies auch Gutes für uns bewirkt. Wir sind Teil von mehr als unserem direkten Umfeld. Vieles von dem, was um uns herum geschieht, kann eine Auswirkung auf uns und unser Leben haben. Wie unser Wirken auch auf unser Umfeld Einfluss hat.

Aber was genau liegt uns am Herzen? Was wünschen wir uns anders an unserer Um- und Mitwelt? Zum Beispiel in der Natur. Wofür schlägt Ihr Herz beispielsweise mehr? Für Tiere oder Pflanzen? Für welche Tier- beziehungsweise Pflanzenarten genau? Was ärgert Sie hier konkret? Was muss unbedingt besser werden? Und wo überhaupt? Nur bei Ihnen vor Ort? In Ihrer Stadt, Ihrem Landkreis? Oder in Ihrem

Bundesland, im gesamten Land? In anderen Ländern? Welchen genau? Und in welchen Regionen?

Je weiter wir in die Tiefe gehen und je konkreter, detailverliebter wir werden, desto eher finden wir das, was uns *wirklich* berührt. Indem wir unseren Verbesserungswunsch so kleinteilig wie möglich beschreiben, wird er auch (be-)greifbar, und wir bekommen dadurch die Chance, auch etwas in die von uns gewünschte Richtung bewegen zu können.

Oder wenn Ihnen Menschen besonders am Herzen liegen: Was stört Sie hier grundsätzlich oder im Speziellen? Welchen Menschen möchten Sie konkret helfen? Bestimmten Berufsgruppen, Geschlechtern, Altersklassen, Bildungsschichten, Nationalitäten, Glaubensrichtungen…?

Wo gibt es Ungerechtigkeiten, die Sie stören? Was rührt Sie zu Tränen, tut Ihnen in der Seele weh oder macht Sie gar richtig wütend? Was darf aus Ihrer Sicht auf keinen Fall so bleiben? Was muss sich verändert haben, wenn Babys, die heute geboren werden, selbst erwachsen sind?

Sie können die Flughöhe auch noch nach oben schrauben, indem Sie sich fragen, was aus Ihrer Sicht grundsätzlich schiefläuft in der Politik, der Wirtschaft, im Bildungs-, Gesundheits- oder Finanzsystem, in der Nahrungsmittelindustrie, bei der Energiegewinnung und -versorgung, der Digitalisierung – in welchen Bereichen auch immer Sie Defizite sehen und beseitigen wollen.

Manchmal hilft uns auch eine einfache Frage weiter, um im doppelten Sinne auf gute Gedanken zu kommen: »Was würden Sie den Menschen sagen, wenn Sie in der Tagesschau eine Minute Sendezeit bekämen?« Wofür brennen Sie wirklich, wenn Sie an Ihre Um- und Mitwelt denken?

Welche Herzensthemen fallen Ihnen ganz spontan oder nach ausführlicher Bedenkzeit ein, wenn Sie an die Natur denken, Tiere, Pflanzen, Menschen…?

Anders gefragt: Wenn Sie nur *eine* Sache auf der Welt verbessern dürften, diese aber garantiert: Welche wäre es?

Vom Gefühl zur Tat

Nichts ist auf der Welt so mächtig wie eine Idee, deren Zeit gekommen ist, meinte nicht erst Victor Hugo. Auch wir spüren, wie reif die Zeit zumindest für uns ist, loszulegen, wenn wir genau wissen, wofür wir uns einsetzen wollen. Jetzt dürfen wir beginnen, aus unserem emotionalen Wunsch eine greifbare Wirklichkeit zu formen. Zum Beispiel, indem wir überlegen, wie wir mit unserem Unternehmen konkret helfen können, unseren Herzenswunsch zu realisieren. Welche Produkte brauchen wir hierzu, welche Dienstleistungen bringen uns unserem Ziel näher? Welche Hebel können wir mit unseren unternehmerischen Möglichkeiten in Bewegung setzen?

Mit unserem Unternehmen im Rücken sind wir um ein Vielfaches stärker als als Privatperson. Wir können unsere geschäftlichen Kontakte nutzen, um sie für unser Herzensprojekt zu gewinnen (oder über sie gezielt neue Kontakte erreichen). Wir können unsere räumlichen, technischen sowie materiellen und finanziellen Kapazitäten einbringen und unser Anliegen mit allem unterstützen, was wir zur Verfügung haben. Unsere unternehmerische Präsenz kann eine wunderbare Wirkung erreichen, wenn wir sie gezielt und geschickt einsetzen.

Es gibt unzählige Vorzeige-Beispiele von Unternehmen, die klare Visionen und Missionen verfolgen, und es fällt schwer, hier nur einige zu nennen, weil jedes von ihnen eine Erwähnung verdient hätte. Veganz beispielsweise hat es als erste Supermarktkette für vegane Lebensmittel geschafft, wichtigen gesellschaftlichen Themen wie zum Beispiel Tierwohl und möglichst naturbelassene Ernährung eine unternehmerische Form zu geben. Die überall entstehenden Unverpackt-Läden tragen aktiv dazu bei, Ressourcen zu schonen und nicht nur über weniger Verpackungsmüll zu reden, sondern erst gar keinen entstehen zu lassen. Und vielleicht wird auch das innovative Modell eines Plastikabsaugers für die Weltmeere bald Realität und zur Befreiung der Weltmeere von Plastikmüll beitragen.

Verbündete für unsere Mission gewinnen

Als Gründer*in können wir viele andere Menschen für unsere Idee zur Weltverbesserung gewinnen und so dafür sorgen, dass die eigene Mission von anderen geteilt und unterstützt wird. Wir sind nicht die Einzigen, denen Dinge in der Welt missfallen und die sich Verbesserungen wünschen. Was wäre, wenn das, was uns wichtig ist, auch anderen so wichtig wäre, dass sie uns aktiv dabei unterstützen?

Durch unser Unternehmen erhält unsere Idee eine größere (öffentliche) Wirkung, weil nicht nur eine einzige Person dahintersteht, sondern mehrere. Auch können wir unserer Idee durch eigene Flyer mehr Professionalität und wahrnehmbare Aufmerksamkeit verleihen, sie über die Social-Media-Kanäle unseres Unternehmens schneller verbreiten und ggf. sogar kleine Spots produzieren, die mehr hermachen und auch öffentlich zeigen: »Seht her, wir meinen es ernst! Bei uns lohnt es sich, dabei zu sein, weil hier Menschen wirklich für ein Thema brennen und alles in ihrer Macht Stehende dafür unternehmen werden, um es voranzubringen.«

Je deutlicher Menschen wird, dass die Sache, die sie unterstützen, auch wirklich eine Chance auf Verwirklichung hat, desto eher sind sie bereit mitzuhelfen. Durch unsere unternehmerische Initiative können wir so einiges dafür tun. Wir können schnell viele Menschen auf unser Herzensanliegen aufmerksam machen und sie im besten Fall dafür gewinnen. Je mehr Verbündete wir im Geiste und Herzen finden, desto mehr können wir gemeinsam anpacken. Wir müssen unser Anliegen nicht allein hinaus in die Welt tragen, sondern können es auf Hunderte, Tausende Staffelstäbe verteilen, deren Wert andere erkennen und sie weitertragen.

Manchmal erwächst aus einer Idee auch eine größere Community, die sich gegenseitig motiviert und dadurch noch mehr Power entwickelt. Es ist wunderschön, wenn unsere kleine Flamme andere mit dem Feuer der Begeisterung anzündet, die es dann an andere weitergeben, bis ganz viele Menschen erwärmt werden und vielleicht sogar ein Feuerwerk entzündet wird.

Die meisten größeren Bewegungen sind dem Herzenswunsch eines oder weniger Menschen entsprungen. Aus diesen und vielen weiteren Beispielen können wir Mut schöpfen, dass auch unsere Idee positive Wellen schlägt. Vielleicht sogar in andere Länder und Kulturen hinein. Hierdurch bewegen wir sogar noch mehr, weil wir Menschen über unser Anliegen miteinander verbinden, Brücken bauen, für Verständnis und Akzeptanz sorgen und so das Denken und Handeln anderer verändern.

Vieles ist möglich, doch alles beginnt mit dem ersten Schritt und dem, der ihn geht: uns.

Die Missionen anderer unterstützen

Wir können natürlich auch die Herzensthemen anderer Menschen begleiten und sie mit unserer Unterstützung voranbringen. Wir müssen das Rad nicht immer neu erfinden, sondern können auch herausfinden, ob bereits andere einen Teil des Weges, den auch wir beschreiten wollen, schon gegangen sind. Vielleicht sind andere schon weiter, und wir haben viel mehr Freude daran, uns ihnen anzuschließen, weil wir dann nicht allein sind und auf bereits Bestehendes aufbauen können.

Beispielsweise können wir mit anderen Unternehmen eine noch größere Wirkung entfalten, wenn alle ihr Gewicht in die gleiche Waagschale werfen. Oft gibt es mehr Verbindendes als Trennendes. Suchen und finden wir es und bringen etwas Gutes voran. Ganz gleich, wer die Idee zuerst hatte oder wer als Erste*r gestartet ist.

Mit dem eigenen Unternehmen unabhängig von neuen Ideen mithelfen, die Welt zu verbessern

Selbst wenn uns keine Weltverbesserungsidee als so wichtig erscheint, dass wir um sie herum ein Unternehmen aufbauen, oder eigene Produkte beziehungsweise Dienstleistungen dafür kreieren wollen, können wir etwas für unsere Welt tun. Zum Beispiel, indem wir bewusst darauf achten, von welchem Anbieter wir welche Produkte und Dienstleistungen einkaufen, die wir selbst als Unternehmen benötigen.

Wie umweltschonend ist das, was wir kaufen, hergestellt worden? Wie energieeffizient ist es? Wo kommt es genau her? Gibt es vielleicht einen regionalen Anbieter, den wir lieber unterstützen, um das Geld in der Region zu halten? Unter welchen (fairen?) Bedingungen wurde es produziert und transportiert?

Ebenso können wir uns fragen, ob wir jedes Teil wirklich neu kaufen müssen oder ob nicht auch etwas Gebrauchtes den Zweck erfüllt. Und natürlich, *wie viel* wir beispielsweise an Material, Energie oder Wasser verbrauchen müssen. In einem Unternehmensjahr kommt viel zusammen, was unserer Um- und Mitwelt schaden oder ihr zugutekommen kann – je nachdem, wie wir uns entscheiden.

Gutes tun macht glücklich(er)

Was auch immer wir tun: Wir sind glücklicher, wenn wir nicht in allem, was wir unternehmerisch tun, die persönlichen Mehrwerte sehen, sondern das, was wir damit für andere (und damit wiederum auch für uns) bewirken können. Wenn wir unser Herzthema, das über uns und unsere Produkte beziehungsweise Dienstleistungen hinausgeht, gefunden haben und uns damit verbinden, kann etwas Besonderes entstehen. Denn das, was uns am Herzen liegt, was wir im Außen verbessern wollen, prägt auch uns als Mensch wie als Gründer*in.

Je mehr positive Energie wir in die Welt senden, desto mehr davon wird zu uns zurückkommen. Dies ist nicht nur ein Natur-, sondern auch ein Gründungsgesetz. Dabei spielt es keine Rolle, wie verrückt das Gute, das wir tun wollen, auch klingen mag. Wichtig ist nur, dass wir wirklich dafür brennen und vor allem den Worten von Johann Wolfgang von Goethe folgen: *»Erfolg hat drei Buchstaben: TUN.«*

»Ja, aber…«

»Was kann ich als Einzelne*r schon bewirken…!?«

Alles. Und nichts. Wir haben zwar die Wahl, ob
und wenn ja, was wir unternehmen wollen, aber wir
wissen nie, ob's auch klappt. Es ist wie bei allem:
Wer nichts ausprobiert, weiß nie, wie's gewesen
wäre, wenn…

Zudem stellen wir uns selbst kein wirklich gutes Zeugnis aus, wenn wir konstatieren, dass unser
Wirken keine oder eine kaum wahrnehmbare Wirkung hätte und es daher sinnlos wäre, wenn wir etwas unternähmen. Sollten wir nicht mehr Ver- und
Zutrauen in uns selbst haben, in die Kraft unseres
Wirkens?

Was wäre, wenn wir bei allem in unserem Leben
denken würden: »Was kann ich allein schon bewirken?« Wie würden wohl unsere Partnerschaften
aussehen, unsere Freundschaften, unsere Freizeit,
unsere Arbeitswelt…? So ambitioniert, vielleicht
sogar unmöglich, Ihre Verbesserungsidee auch sein
mag, denken Sie an den Wassertropfen. Auch er
weiß, dass er nichts ist im Vergleich zum Ozean.
Aber ohne ihn und die vielen anderen Wassertropfen wäre eben auch der Ozean nichts. Erst gemeinsam sind sie alles. Und selbst ein kleiner Tropfen
kann große Kreise ziehen, wenn er sich bewegt.

Eine wundervolle Ermutigung, was jede*r Einzelne bewegen kann, ist zum Beispiel die Geschichte von Roger Bannister, der als erster Mensch die
magische »Four-minute-mile-Schallmauer« durch-
brach, als er die 1.600 Meter am 6. Mai 1954 mit einer
Zeit von 3:59:04 Minuten lief. Bis zu diesem Tag galt

es als unmöglich, eine Meile in einer Zeit unter vier Minuten zu laufen. Das Unglaubliche: Keine zwei Monate später wurden die magischen vier Minuten erneut unterboten, als John Landy eine weitere neue Bestzeit mit 3:58:00 Minuten aufstellte. Und damit war noch lange nicht Schluss, denn es folgten viele weitere, die für neue Rekorde sorgten. Dies zeigt auf wunderbarste Weise, dass es oft nur den*die eine*n Mauerdurchbrecher*in braucht, um zu zeigen: Es geht! Nichts ist unmöglich. Warum sollten Sie dies nicht auf Ihrem Gebiet sein?

Vom Glück des Gründens

Ein Gastbeitrag von Jörg Rheinboldt

Sowohl Gründen als auch das Streben danach, glücklich zu sein, machen mich lebendig. Seit bald 30 Jahren beschäftige ich mich mit beidem. Das Glücklichsein beschäftigt mich schon länger.

Ich habe das große Glück, in eine Welt (eine Zeit, einen Ort, ein Umfeld) hineingeboren zu sein, die mir vieles ermöglicht hat und in der ich sehr viele meiner Ideen, Träume und Wünsche erfüllen kann. Für mich ist das Glücklichsein immer Teil des Flusses der Zeit, und es ist nicht statisch. Und es hat immer verschiedene Ausprägungen.

Ich gebe mir große Mühe, ein multidimensionales und ausgefülltes Leben zu führen, das sich immer wieder verändert. Die bisherigen Phasen meines Lebens waren durch unterschiedliche Definitionen des Glücklichseins geprägt. Ich mache mir regelmäßig Gedanken darüber, was mich eigentlich glücklich macht. Hier ein paar Beispiele:

Freiheit und Unabhängigkeit

Als Gründer*in kann ich »machen, was ich will«. Natürlich im Rahmen der Umgebung, in der ich bin. Aber auch die kann ich mir aussuchen. Ich kann mir den Ort, an dem ich gründe, aussuchen, die Menschen, mit denen ich zusammen gründen möchte, was genau ich machen möchte, kann mir Ziele setzen und die Wege, diese zu erreichen, (mit-)bestimmen. Gleichzeitig bin ich unabhängig von anderen und kann mir aussuchen, mit wem ich arbeiten möchte, und wenn es funktioniert, kommt noch die wirtschaftliche und finanzielle Freiheit und Unabhängigkeit dazu.

Gestaltung und Verantwortung

Meiner Meinung nach gibt es wenige bessere Möglichkeiten, die Verantwortung für das eigene Leben zu übernehmen als durch das Gründen. Man kann für sich selbst und vielleicht auch für andere wesentliche Aspekte des Lebens gestalten.

In meinem bisherigen Leben hatte ich zum Glück schon mehrfach die Möglichkeit, mein Leben so zu gestalten, dass es zu meiner jeweiligen Lebensphase gut passt: in meinen Zwanzigern habe ich viel gelernt, meine ersten Erfahrungen als Gründer und Unternehmer gesammelt und zusammen mit Freunden meine erste Firma aus dem Nichts gebaut. Danach habe ich mit Freunden zusammen eine Firma gegründet, die wir innerhalb von wenigen Monaten sehr gut verkauft haben, und ich habe dann als angestellter Geschäftsführer viereinhalb Jahre lang dabei geholfen, aus unserer kleinen Firma eines der größten E-Commerce-Unternehmen in Deutschland zu bauen. Nach der Geburt meiner Zwillingssöhne hatte ich die Chance, als Investor meine Zeit so einzuteilen, dass ich genug Zeit für meine Familie habe. Und seit mittlerweile acht Jahren investiere ich als Venture Capitalist und manchmal auch Business Angel in digitale Start-ups. Inzwischen sind es deutlich mehr als 200.

Dass ich das machen darf, macht mich sehr glücklich. Nächstes Jahr machen meine Söhne ihr Abitur. Ich glaube, dann geht eine neue Phase in meinem Leben los. Ich freue mich schon darauf.

Sinn

Als Gründer kann ich das, was ich als sinnstiftend ansehe, umsetzen. Und das mit anderen Menschen zusammen.

Potenzialentfaltung

Es macht mich glücklich, wenn Ideen ihr volles Potenzial entfalten. Dabei spielt es für mich keine große Rolle, ob es meine Idee, meine Firma oder eine Firma, der ich oder wir als Investor helfen, ist. Ich verbringe einen Großteil meiner Zeit damit, Menschen und Ideen zu suchen und zu finden, denen ich helfen kann, real zu werden. Es gibt mir viel, wenn sich eine Idee realisiert:

- konkrete Ziele
- dann einen Plan
- die Umsetzung
- die Ergebnisse (die meistens nicht ganz so sind, wie man sich das vorgestellt hat)
- die Anpassung und hoffentlich Skalierung des Plans und die weitere Umsetzung zusammen mit immer mehr Menschen, die in verschiedenen Rollen mitmachen (Gründer*innen, Mitarbeitende, Kund*innen, Partner*innen und die Öffentlichkeit)

Wenn dieser Kreislauf funktioniert, macht mich das zutiefst glücklich.

Neugierig sein und permanent lernen

Ich liebe es, mich mit neuen Themen zu beschäftigen, und verbringe viele Stunden pro Woche damit, neue Themen kennenzulernen und neue Fähigkeiten zu erwerben. Ich freue mich mindestens einmal in der Woche darüber, dass es die digitale Welt gibt, die wir gestalten können, und dass es permanent neue Möglichkeiten gibt, Ideen zu haben und diese umzusetzen.

»Sachen machen!«

Am Ende des Tages kommt es für mich darauf an, etwas zu machen, das Wirkung entfaltet. Und dabei ist es mir bei all den verschiedenen Themen, die ich zum Glück in meinem Leben habe, nicht bei allen wichtig, dass die Wirkung sehr groß ist. Was mich wirklich glücklich macht, ist es, Sachen zu machen, die funktionieren, und manche »Sachen«, bei denen ich mitmache, sollten viele Menschen berühren.

Über den Gastautor

Jörg Rheinboldt, geboren 1971 in Köln, gründete seine erste Firma denkwerk 1994 in seiner Geburtsstadt. 1999 folgte gemeinsam mit sechs Freunden die Gründung der alando.de AG, die nach sechs Monaten an ebay verkauft wurde. Bei alando.de war Jörg Rheinboldt bis 2004 Geschäftsführer. Heute ist er Geschäftsführer von APX und hat in den letzten Jahren mit seinen Firmen und privat in mehr als 230 Unternehmen investiert. Er ist Verwaltungsratsmitglied bei Bahlsen, Mitglied des Aufsichtsrates bei gut.org / betterplace.org (das er 2007 mitgegründet hat), Mitglied des Kuratoriums der Berliner Stadtmission und Aufsichtsrat bei Deutschland Land der Ideen. Jörg Rheinboldt ist verheiratet und hat Zwillingssöhne. Der begeisterte Familienvater liebt es, Neues zu lernen, ein facettenreiches Leben zu führen und sich möglichst oft in der Natur aufzuhalten.

»Sei du selbst die Veränderung,
die du dir wünschst für diese Welt.«
Mahatma Gandhi

15

Anderen
uneigennützig helfen

Unternehmen, die anderen kostenlos und uneigennützig helfen – ganz ohne Hintergedanken, nur um Gutes zu tun.

So etwas gibt's nicht, oder? Wirtschaft und Selbstlosigkeit passen schließlich nicht zusammen, sind zwei entgegengesetzte Pole. Unternehmen sind nur an ihrer eigenen Gewinnmaximierung interessiert, koste es, was es wolle. Wenn's sein muss, auch auf Kosten anderer.

So scheint es zumindest zu sein, denn in der öffentlichen Wahrnehmung kommen Unternehmen nicht selten schlecht weg, weil wenige negative Einzelbeispiele auf die gesamte Wirtschaft projiziert werden. Unternehmer*innen gelten bei zu vielen zu Unrecht als geldgierig, egoistisch und unsozial. Dabei sind oftmals gerade sie es, die das Leben anderer Menschen unterstützen, ohne davon finanziell zu profitieren und ohne Gegenleistungen zu verlangen oder zu erwarten.

Nur liest oder hört man davon meist kaum etwas, weil viele Unternehmer*innen entgegen der allgemeinen Meinung bewusst *nicht* öffentlich machen wollen, dass und wie sie anderen helfen. Den allermeisten geht es nämlich nicht um eine positive Presse für ihr Unternehmen, um indirekte Werbung für ihre Produkte oder um ein besseres Image für sich selbst, sondern um die gute Sache an sich. Wie gut, dass wir Unternehmer*innen viele Möglichkeiten haben, aus denen wir die zu uns passenden wählen können, um anderen uneigennützig und kostenlos zu helfen.

Unseren Kontakten bei wichtigen, aber nicht offensichtlichen Themen helfen

Ganz gleich, mit wem wir es beruflich zu tun haben: Mit den meisten Menschen sprechen wir über mehr als das, worum es eigentlich geht. Natürlich reden wir mit unseren Mitarbeiter*innen hauptsächlich über die zu erledigende Arbeit und mit unseren Kund*innen über unsere Angebote. Doch oft menschelt es auch, weil Menschen über viele Facetten verfügen, die wir wahrnehmen können, wenn wir es wollen. Hierzu müssen wir nur unsere Antennen darauf ausrichten – und nicht nur auf das beruflich Offensichtliche.

Sei es die Stimmungslage des*r anderen, die mal gut, mal weniger gut sein kann, aber immer ein Anlass ist, um zu fragen, wie's ihm*r geht. Nicht oberflächlich zum schnellen Abhaken, um dann zum »wirklich wichtigen« Thema (dem Geschäftlichen) zu gelangen. Sondern ehrlich interessiert am Gegenüber und dem, was ihn*sie gerade erfreut oder bedrückt.

Das Entscheidende ist dabei meist zwischen den Zeilen zu finden. Lernen wir, das Zwischenmenschliche wahrzunehmen und nicht im oftmals oberflächlichen Small Talk zu bleiben. Trauen wir uns tiefer zu gehen in der gegenseitigen Kommunikation. Vielleicht wird daraus ja ein emotionaler Heart- oder Soul-Talk, der beim anderen für das Gefühl sorgt, beachtet und verstanden zu werden.

Aufrichtige Fragen, ein präsent beim Gegenüber bleibender Geist und ein offenes Herz helfen uns dabei, in diesen echten Kontakt zu kommen. So können wir Dinge erfahren, die den*die andere*n aktuell bewegen, abseits des Geschäftlichen, und können ihm*r auf unsere Art weiterhelfen. Sei es mit einem Lächeln, aufmunternden Worten, ausgedrückter (Mit-)Freude, einem Tipp oder einer Frage, die ihn*sie auf hilfreiche Gedanken bringt.

Vielleicht erfahren wir von einer Mitarbeiterin, dass ihr Sohn gerade Schwierigkeiten in der Schule hat, und wir können ihr mit einer eigenen Anekdote von unseren Kindern helfen, sich besser zu fühlen, oder können ihr mit einer konkreten Idee weiterhelfen. Oder wir hören, dass die Tochter eines Mitarbeiters gerade gesundheitliche Probleme hat, und können mit der Empfehlung zu einem guten »Gesundheitshelfer« zur Linderung der Krankheit des Kindes und der Sorge des Vaters beitragen.

Berichtet uns eine Kundin ganz nebenbei, dass sie zu Hause gerade Probleme mit den sanitären Anlagen hat und einfach keinen Klempner findet, der Zeit hat, können wir über unsere Beziehungen vielleicht etwas für sie in Gang bringen.

Beispiele für diese uneigennützigen (und oft spontanen) »Nebenbei-Hilfen« gibt es unzählige. Sei es eine Frage oder Information, ein Buch- oder Video-Tipp oder eine (eigene oder fremde) Erfahrung, die wir weitergeben. Das Schenken unserer Zeit und das Verschenken unserer Ideen machen eine riesige Freude, weil wir einem*r anderen schon mit einer Kleinigkeit extrem weiterhelfen und so für unerwartete Begeisterung sorgen können. Und manchmal dürfen auch wir uns über einen schönen Nebeneffekt unserer Hilfe freuen, wenn der*die Beschenkte auch uns mit etwas beschenkt, das uns unerwartet wiederum erfreut.

Die eigenen Kontakte und Strukturen für andere öffnen

Nach und nach sammeln wir als Gründer*in diverse Kontakte und bauen zudem sukzessiv immer besser funktionierende interne wie externe Strukturen auf. Warum nutzen wir diese nicht, um sie auch anderen zur Verfügung zu stellen, wenn sie diese brauchen können?

Wir können als Schaltzentrale fungieren und einem Suchenden aus unserem Netzwerk mit dem Weitergeben eines guten Kontaktes helfen, den richtigen Anbieter zu finden – und umgekehrt. Ob Menschen mit Menschen, Unternehmen mit Unternehmen oder Menschen mit Unternehmen: Gerade wenn wir unsere Kontakte gut kennen und pflegen, haben wir ein feines Gespür dafür, wen wir wann und wie mit wem vernetzen könnten, damit dadurch beiden geholfen ist.

Zum anderen können wir Menschen auch in unser Netzwerk hineinlassen und ihnen dadurch einen Zugang verschaffen, den sie ohne uns nicht hätten. Sei es die Telefonnummer oder auch die Mail-Adresse von einem unserer guten Kontakte nach vorheriger Rücksprache mit diesem, der ihnen sofort weiterhelfen kann oder den sie zu ihrer Frage um Rat fragen können.

Natürlich können wir auch selbst ein positives aktives Empfehlungsmarketing für unsere Kontakte betreiben, indem wir bei unseren geschäftlichen Gesprächen achtsam sind und kostenlose Werbung für einzelne Menschen oder Unternehmen aus unserem Netzwerk machen, wenn's passt. So können wir nicht nur dazu beitragen, dass sich Menschen kennenlernen, die sich ohne uns nicht getroffen oder voneinander gewusst hätten. Wir können auch helfen, dass sich passende Kooperationen bilden, die beiden Parteien zugutekommen.

Ebenso können wir uns für Freunde, Bekannte oder unsere Mitarbeiter*innen engagieren, wenn ihnen selbst oder auch ihren Kindern ein guter Kontakt mit unserer persönlichen Empfehlung weiterhelfen könnte. Beispielsweise wenn sie sich irgendwo bewerben oder ein Praktikum machen wollen. Je achtsamer wir für die Dinge werden, die anderen wichtig sind, desto besser können wir ihnen helfen.

Anderen die eigenen Mittel kostenfrei zur Verfügung stellen

Wir können anderen auch konkret mit dem helfen, was wir haben, sprich unseren Produkten beziehungsweise Dienstleistungen. Diese könnten wir Menschen, die sie sich sonst nicht leisten könnten, günstiger anbieten. Oder wir spenden ausgewählte Angebote an die, die sie dringend brauchen, aber nicht über das nötige Geld verfügen.

Wir könnten anderen Teile unserer Materialien oder Räume für einen begrenzten Zeitraum kostenfrei zur Verfügung stellen. Oder uns selbst anbieten als Ratgeber*in, wenn es offene Fragen gibt, und als Anpacker*in, wenn konkreter Handlungsbedarf besteht. Auch unsere Mitarbeiter*innen können ihre Kompetenz einbringen, damit anderen kostenlos geholfen wird. Je nach Geschäftszweck finden sich diverse Möglichkeiten, anderen mit Herz, Hand und Verstand zur Seite zu springen.

Menschen persönlich helfen,
in die Berufswelt zu kommen

Ob Schüler*innen, Student*innen, Arbeitslose oder andere, die einen Fuß in die Berufswelt setzen wollen: Jede*r von ihnen benötigt auf seine*ihre eigene Weise individuelle Unterstützung, die wir bieten könnten. Natürlich nicht jedem*r jederzeit in vollem Ausmaß. Aber auf jeden Fall für einzelne in begrenztem Maß.

Wir haben zum Beispiel einen guten Einblick in das, was man als Chef*in von den eigenen Mitarbeiter*innen erwartet, was uns wichtig ist, wenn wir jemanden einstellen. Unser ungeschminkter Blick hinter die Kulissen, der den meisten normalerweise verwehrt ist, kann gerade denen besonders helfen, die unsicher sind und Orientierung benötigen. Manchmal können wir mit kleinen Dingen, die für uns normal und nicht erwähnenswert sind, bei anderen für große Begeisterung sorgen.

Je nachdem, wen wir wie oft und wie intensiv unterstützen wollen, können wir entscheiden, ob wir ihn*sie »nur« informieren wollen über das, was aus unserer Sicht relevant ist, wenn man sich beispielsweise bewirbt oder vorstellt. Wir können jedoch auch tiefergreifend helfen, indem wir andere persönlich coachen, mit ihnen ihre Stärken herausarbeiten und sie fit für den Arbeitsmarkt machen. Natürlich steht es uns auch frei, ausgewählten Menschen mit unseren Kontakten oder persönlichen Empfehlungsschreiben den Schritt in die Arbeitswelt direkt zu ermöglichen.

Es ist ein wundervolles Gefühl, einem anderen Menschen so das eigene Vertrauen zu schenken und Zutrauen mit auf den Weg zu geben. Die unbezahlbare Motivation, die wir geben, lautet: Du kannst das! Du schaffst das! Ich glaube an dich!

Natürlich können wir auch Menschen helfen, in der Berufswelt voranzukommen, Karriere zu machen oder auch bestehende Probleme an ihrem Arbeitsplatz zu lösen. Mit unserem umfangreichen Wissen als Unternehmer*in können wir auch Angestellten hilfreiche Tipps mit auf den Weg geben, damit sie ihre persönlichen Ziele schneller oder leichter erreichen.

Und was liegt näher, als dass wir irgendwann, wenn wir selbst dem Gründer*innen-Dasein entwachsen und erfahrene Unternehmer*innen geworden sind, auch den Nachwuchs fördern. Wir könnten Gründer*innen unterstützen, ihr Vorhaben bestmöglich in die Tat umzusetzen. Schließlich verfügen wir hierbei selbst nicht nur über ein immenses Wissen, sondern auch über wichtige Erfahrungen, die wir weitergeben können. Entweder gezielt an einzelne oder auch an viele, zum Beispiel über Kurse, die wir kostenfrei bei der IHK anbieten.

Wir können auch zu einer Art Lehrer*in zum Thema Unternehmertum werden und gezielt Vorträge an (Fachhoch-)Schulen oder Universitäten halten, um junge Menschen vom Unternehmertum zu begeistern, ihnen Praxistipps für ihre Bewerbungen zu geben oder ihnen mit Tipps zur Persönlichkeitsentwicklung auf ihrem individuellen Reifeprozess weiterzuhelfen.

Was auch immer uns liegt, wofür auch immer wir uns entscheiden: Wenn wir anderen den Zugang zu uns selbst mit unseren inneren Schätzen ermöglichen, bereichern wir damit nicht nur andere, sondern über die gewonnene Resonanz und Mit-Freude auch uns selbst.

Eigene Aufträge gezielt an förderungswürdige Menschen beziehungsweise Unternehmen vergeben

Neben unserem persönlichen Engagement als Unternehmer*in können wir auch mit unserem Unternehmen etwas dazu beitragen, dass gerade denen geholfen wird, die Hilfe verdient haben (und sie zu selten bekommen). Beispielsweise können wir unser Geld bewusst hilfreich einsetzen, indem wir nicht nach den günstigsten Anbietern für das suchen, was wir brauchen, sondern nach den förderungswürdigsten. Dies können Behindertenwerkstätten sein, kleine regionale Unternehmen, ganz junge Start-ups oder bemühte One-(wo-)man-Shows. Es gibt unzählige unentdeckte Unternehmens- und Unternehmer*innen-Perlen. Wir können sie finden und auch finanziell würdigen, indem wir das, was wir sowieso brauchen, von ihnen beziehen.

Soziales Engagement für unsere Mitarbeiter*innen

Vorab: Natürlich ist jegliche Form des sozialen und persönlichen Engagements, das man für die eigenen Mitarbeiter*innen an den Tag legt, auch immer irgendwie verbunden mit vermeintlich eigennützigen Themen wie Maßnahmen zur Leistungssteigerung oder Mitarbeiter*innen-Bindung. Auch wenn dies immer mitschwingt, dürfen wir aus Eigenmotivation heraus einfach etwas Gutes für unsere Mitarbeiter*innen tun, weil wir ihnen etwas Gutes tu wollen.

Seien es Entspannungsräume, die wir für sie einrichten. Ein vom Unternehmen bezahlter Fitnesscoach, den man in Anspruch nehmen kann, wenn man mag. Oder Firmensport, wöchentliche Obstkörbe, persönliche Weiterbildungen, kostenloser Tee oder anderes, das Körper, Geist und Seele unserer Mitarbeiter*innen positiv beeinflusst.

Ebenso können wir unseren Mitarbeiter*innen auch bei privaten Themen helfen, wenn es sich anbietet und sie unsere Hilfe auch ohne schlechtes Gewissen oder den Druck einer Verpflichtung annehmen können.

Wir können unsere Mitarbeiter*innen auch dazu ermuntern, sich selbst sozial zu engagieren – außerhalb unseres Unternehmens. Mehr noch. Wir können es sogar fördern, wenn Mitarbeiter*innen sich zum Beispiel in Ehrenämtern oder anderem sozialen Engagement für andere ins Zeug legen. Wie wir als positives Vorbild vielleicht auch.

Soziales Engagement außerhalb unseres Unternehmens

Natürlich können auch wir mit Spenden helfen, dass viele soziale Projekte am Leben gehalten oder gestartet werden können. Sei es in unserer Region oder überregional für ein Thema, das uns besonders am Herzen liegt. Aber auch wir selbst können mit unserem Unternehmen soziale Projekte ins Leben rufen, Vereine, Stiftungen oder Initiativen nicht nur finanziell unterstützen, sondern auch selbst gründen.

Hierdurch können wir nicht nur aktiv Gutes tun, sondern unseren Aktivitäten auch mehr Power verleihen, weil sich mit einer öffentlich sichtbaren eigenen Institution mehr bewegen lässt, man konstanter wirken kann und auch zum Anlaufpunkt für die wird, die sich nicht für uns oder unser Unternehmen interessieren, sondern nur für das, was wir außerhalb davon bewegen wollen.

Anderen zu helfen macht glücklich

Wenn Sie an Weihnachten denken, worüber freuen Sie sich mehr: über Geschenke, die Sie von anderen bekommen, oder über die, die Sie anderen verpackt überreichen? Ist es nicht so, dass wir oftmals viel mehr Freude am Schenken haben als am Erhalten!? Die Überraschung des*r anderen beim Auspacken, das strahlende Lächeln, wenn der Inhalt gefällt, die dankbare Freude. Es gibt vieles, das wir bekommen, wenn wir etwas geben. Ob privat oder unternehmerisch.

Nutzen wir unsere besonderen Schaffenskräfte als Unternehmer*in also nicht nur für uns und unser Unternehmen, sondern stellen wir sie ganz bewusst auch anderen zur Verfügung. Dieses uneigennützige Engagement sorgt nicht nur sofort für Hilfe bei den so Bedachten, es ist auch eine Stütze für unsere Gesellschaft. Denn mit unserem Geben wirken wir direkt in sie hinein und sorgen so für positive Resonanz, die im besten Fall auch andere in Schwingung bringt. Ganz gleich, mit welchen Menschen wir hierdurch neu in Kontakt kommen, was wir im Einzelnen tun, womit wir andere beschenken und glücklich(er) machen. Auch wir erhalten einen Lohn für unser Engagement. Nicht in Form von Geld oder Applaus, sondern von Dankbarkeit und dem Wissen, einen Unterschied gemacht zu haben im Leben anderer Menschen. Und das ist viel wichtiger.

> **»Ja, aber…«**
>
> *»Was ist, wenn mir die Zeit dafür fehlt, weil ich mich schließlich zuerst um mein Unternehmen kümmern und Geld verdienen muss?«*
>
> Wenn jede*r an sich denkt, ist an jede*n gedacht, meint ein Sprichwort. Aber ist dies wirklich so? Möchten wir in einer Gesellschaft leben, in der je-

de*r nur oder zuerst immer an sich denkt? Wohin purer Egoismus uns führt, können wir an vielen Ecken mit Schrecken beobachten. Natürlich ist es wichtig, dass wir selbst und auch unser Unternehmen die Aufmerksamkeit bekommen, die uns und ihm gebühren. Aber muss dies andere automatisch ausschließen mit ihren Bedürfnissen, Fragen, Sorgen oder akuten Problemen?

Was hilft es uns, wenn es uns gut geht, aber unserem Umfeld nicht, unserer Nachbarschaft, Stadt…?

Meinen Sie, Sie finden pro Tag eine Minute Zeit, um sich an einen ruhigen Ort zu setzen, die Augen zu schließen und in der Stille nur für sich zu sein? Ja, oder? Was sind schon 60 von 86.400 Sekunden, die uns jeder Tag bietet. Und was wäre, wenn wir diese Minuten nicht uns schenken, sondern jemand anderem? Eine Minute klingt nach wenig, fast nichts. Doch wer sich schon einmal in aller Stille für eine Minute hingesetzt hat, der weiß, dass sie länger ist, als wir in unserer schnelllebigen Zeit ahnen. Wenn Sie einem anderen Menschen eine Minute Ihrer Zeit schenken, ihm*r zuhören, sich für sein*ihr Problem interessieren, fehlt Ihnen dadurch nichts. Was ist schon eine Minute? Aber dem*r anderen kann es bereits sehr viel bedeuten und mit auf den Weg geben.

Starten Sie doch einfach mit so viel Zeit, wie Sie erübrigen können, ohne dass darunter Ihr oder das Wohlbefinden Ihres Unternehmens leiden. Zur Not machen Sie nach Feierabend einfach eine »Überminute«. Vielleicht wird's ja sogar eine Überstunde pro Woche. Was lässt sich damit schon bewegen? Eine Menge. Sie können dem Nachbarsjungen helfen, herauszufinden, was er beruflich wirklich machen will, eine Tipp-Telefon-Stunde einrichten für Gründer*innen oder einen kostenlosen Onlinekurs ins Leben rufen für Student*innen mit Bewerbungstipps.

Sie können als Glückstest auch an einem Bratwurststand nicht eine Wurst, sondern zwei kaufen, von denen Sie aber nur eine essen und die zweite dem*r nächsten nach Ihnen schenken. Am besten, wenn niemand hinter ihnen steht, denn dann gesellt sich zur Freude des Beschenkens die Neugierde, wer wohl der*die Glückliche sein und in den freien Bratwurst-Genuss kommen wird.

Allein diese Kleinigkeit, die außer unserem bewussten Tun nicht viel kostet, trägt einen positiv durch den Tag. Und, wer weiß: Vielleicht läuft uns auch ja einmal etwas überraschend Positives über den Weg. Es muss ja nicht zwangsläufig eine Bratwurst sein…

Vom Glück des Gründens

Ein Gastbeitrag von Joachim Schoss

»Jedem Anfang wohnt ein Zauber inne.« Das wusste schon Hermann Hesse, ohne dabei unbedingt das Gründen zu meinen. Der Anfang ist auch in der Unternehmensgeschichte meist ein zauberhafter Moment, in dem noch alles möglich ist, in dem eine begeisternde Vision noch wie ein funkelnder Leitstern am Himmel steht, in dem alle Beteiligten auf hohem Aktivitätsniveau positiv gestimmt und hoch motiviert der kommenden Realisierung der Pläne entgegenfiebern.

Gründen kann auch deshalb glücklich machen, weil nur wenige berufliche Situationen so sehr das schöne Gefühl der Selbstwirksamkeit vermitteln, wie es die Gründungsphase kann, und damit das Selbstbewusstsein stärkt und Identität stiftet.

Erfreulicherweise ist das Gründen heutzutage auch in den Medien und in der Öffentlichkeit positiv besetzt, und Gründern wird inzwischen Anerkennung, Respekt und vielerlei Unterstützung zuteil.

Für mich persönlich tritt der beglückendste Moment des ganzen Geschäftslebens dann ein, wenn einige Zeit nach der Gründung erkennbar wird, dass das Konzept aufzugehen scheint, wenn Kunden sich aus eigener Initiative für das Angebot interessieren und es ab jetzt nicht mehr so sehr darum geht, den richtigen Weg zu finden, sondern darum, das nun mögliche Wachstum zu organisieren. Ich finde es unglaublich befriedigend, wenn nach Jahren des Hoffens und Bangens, nach vielen schlaflosen Nächten voller Zweifel, nach vielen Optimierungen und Verfeinerungen, das, was Jahre vorher nur als eine vage Idee im Kopf entstand, sich diese Kreation der eigenen Fantasie nun zu einem erfolgreichen Unternehmen wandelt und sein Angebot tausendfach Nutzen stiftet für Kunden, Mitarbeiter, Investoren und – last not least – dann auch für die Gründer selbst. Das ist für mich das größte Glück des Gründens!

Bei aller Begeisterung für dieses Glück darf natürlich nicht unerwähnt bleiben, dass leider nicht jede Gründung zu einem erfolgreichen Unternehmen führt und bei Weitem nicht jede Gründung glücklich endet.

Um Erfolg zu haben, müssen Gründer zahlreiche Voraussetzungen erfüllen: Sie müssen unternehmerisches Talent und eine außerordentliche Erfolgsmotivation besitzen, daran glauben, dass sie ihre selbst gesteckten, hohen Ziele erreichen können, und davon überzeugt sein, dass nur sie selbst die Herren ihres Schicksals sind. Gründer müssen für die Aufgabe nicht nur überdurchschnittlich qualifiziert sein, sie müssen auch überdurchschnittlich einsatz-, wenn nicht sogar opferbereit sein – kaum ein Gründerteam hat sich mit 40-Stunden-Arbeitswochen gegen den Wettbewerb durchsetzen können. Das Team muss im optimalen Maß divers sein, nicht nur bei den kaufmännischen und technischen Fähigkeiten, sondern auch bei den Persönlichkeitsstrukturen: Es braucht die Visionärin genau wie den Perfektionisten und außerdem die empathischen Teamplayer, damit die Zusammenarbeit gelingt, denn Teamkonflikte sind der häufigste Grund für das Scheitern von Start-ups. Das Geschäftsmodell sollte möglichst innovativ und einzigartig sein, schwer kopierbar und natürlich langfristig profitabel. Im Idealfall haben die Gründer schon lange vor der offiziellen Gründung zusammen an der Idee gearbeitet und können mit einem konkreten Plan loslegen, sobald sie zeitlich voll verfügbar sind. Wenn all diese Gegebenheiten optimal zusammenkommen, steigt die Wahrscheinlichkeit, dass sich als Lohn für viel harte Arbeit dann dieses ganz besondere Glück des Gründens einstellen wird.

Dafür drücke ich allen Gründern von Herzen die Daumen.

Über den Gastautor

Joachim Schoss, Jahrgang 1963, ist Unternehmer und Seriengründer, unter anderem von der Scout24-Gruppe mit ImmobilienScout24, AutoScout24 und Scout24 Schweiz, und Business Angel, beispielsweise von Moneybookers und ResearchGate. Er ist philanthropisch engagiert, unter anderem als Initiator und Präsident von MyHandicap Schweiz und Deutschland sowie von EnableMe.org. Von Gründerszene. de wurde er in die Top Ten der »Gründer des Jahrzehnts« gewählt, vom Wirtschaftsmagazin Bilanz zum »Business Angel des Jahres« ernannt. Er hat sieben Kinder, ist glücklich verheiratet und lebt in der Schweiz und in Neuseeland.

*»Alles Große in der Welt geschieht nur,
weil einer mehr tut, als er muss.«*

Albert Einstein

16

Eine eigene Firmenfamilie entstehen lassen

Manche Unternehmer*innen haben so viel Freude am Unternehmertum und dem wundervollen Prozess des Gründens als erste Stufe davon, dass sie es in ihrem Leben nicht bei einem Unternehmen belassen, sondern weitere gründen. Dies geschieht meist nicht aus dem Ansinnen heraus, dadurch mehr Geld zu verdienen, sondern vielmehr, weil das (Er-)Wachsen des eigenen Unternehmens einfach unfassbar viel Freude bereiten kann.

Zudem haben viele Unternehmer*innen mehr als nur eine Idee, Leidenschaft oder besondere Fähigkeit. Nicht alles, was man in sich trägt, kann man auch in einem Unternehmen verwirklichen, weil hier nicht immer zusammenpasst, was in uns sehr wohl nebeneinander existieren kann. Von daher kann es eine Überlegung wert sein, ein weiteres Unternehmen zu gründen und irgendwann vielleicht sogar eine eigene Firmenfamilie mit mehreren Unternehmungen sein Eigen zu nennen.

Der eigenen Gründungslust freien Lauf lassen

Auf unserem beruflichen Weg begegnen wir neben unserem eigentlichen Unternehmertum so manchem, das uns sofort ins Auge springt, begeistert und uns förmlich dazu auffordert, es unternehmerisch umzusetzen. Doch nicht für alles haben wir die Zeit, oder wir wollen uns nicht verzetteln, so gern wir es auch umsetzen würden. Einige Unternehmer*innen-Talente können zwar mit Leichtigkeit an mehreren Unternehmen arbeiten, haben eine schiere Freude daran, permanent von hier nach da zu springen, und sind von einem Unternehmen fast gelangweilt. Die Mehrheit hingegen braucht gewiss die Sicherheit, dass das erste gegründete Unternehmen zumindest etabliert ist und läuft, bevor sie überhaupt ein nächstes in Erwägung zieht.

Wie so vieles andere, ist auch das Gründen eine Frage des passenden Zeitpunktes und der Art und Weise der Umsetzung. Sicher ist hingegen eines: Was einmal klappt, kann auch ein zweites Mal gelingen. Und was beim ersten Mal nicht gelingt, klappt vielleicht beim zweiten Versuch. Von daher ist es verständlich, wenn wir uns interessiert nach neuen Gelegenheiten umsehen, sobald unser erstes Unternehmensbaby auf sicheren eigenen Beinen steht und nicht mehr unsere komplette Aufmerksamkeit und Kraft benötigt. Dies heißt nicht, dass unser »Erstgeborenes« uns langweilt, nur weil wir ein zweites »Unternehmensbaby« wollen. Wer zwei oder mehr Kinder hat, der weiß, dass man jedes gleich liebt und glücklich über jedes Kind ist. Vielmehr ist es der unbeschreibliche Reiz, das Jucken in den Unternehmer*innen-Fingern, etwas Neues anzupacken, wenn wir die Zeit und den Raum dafür haben.

Es muss ja nicht immer sofort ein vollwertiges neues Unternehmen sein, das wir von null auf 100 an den Start bringen. Wir müssen auch nicht nur am schnellstmöglichen maximalen Erfolg interessiert sein. Manches dürfen wir auch als eine Art unternehmerisches Hobby nebenbei starten, das wir im Stillen (und ohne Druck) weiterentwickeln, bis wir es dann in eine Firmenform gießen und ihm das Leben schenken.

Auch müssen wir nicht sofort mit einem Großaufgebot an Mitarbeiter*innen starten, sondern können es bewusst klein halten, es langsam angehen und uns Zeit lassen. Vor allem, wenn wir unser Einkommen aus dem Erstunternehmen beziehen, können wir uns den Luxus leisten, unseren neuesten Schatz ganz in Ruhe wachsen zu lassen. Es kann auch aufregend sein, an etwas zu arbeiten, von dem niemand weiß.

Unser nächstes Unternehmen kann dabei sowohl aus einer komplett neuen Geschäfts- oder Produktidee als auch aus einer bereits bekannten entstehen, für die in unserem Erstunternehmen vielleicht nicht genügend Raum zum Wachsen ist. Oftmals entstehen in unserem Alltag diverse Ideen, die wir eigentlich im Erstunternehmen umsetzen wollen, die dann aber verworfen oder vertagt werden, obwohl sie Potenzial mitbringen. Es kann ebenso sein, dass wir eine komplette Abteilung, einen Bereich, ein Produkt oder eine Dienstleistung aus unserem Erstunternehmen herauslösen und daraus eine eigene Firma machen, weil sie erst dann ihre volle Wirkung entfalten kann, wenn sie auch die volle Aufmerksamkeit bekommt, die sie verdient.

In jedem Fall sollten wir uns nicht selbst in unserer Gründungs- und Ideenumsetzungslust bremsen oder von anderen bremsen lassen. Es ist gerade unsere neugierige Schaffensfreude, unsere unternehmerische Aktivität und Kreativität, die uns ausmachen und die es allesamt wert sind, sich im Kleid des Unternehmens zeigen und strahlen zu dürfen. Selbst Ideen, die für andere verrückt klingen mögen, dürfen wir ausprobieren. Wir sollten es sogar, weil wir im Leben meist weniger das bereuen, was wir getan haben, als das, was wir nicht getan haben. Daher folgen wir unserer Intuition, und beherzigen wir die kurze wie prägnante Weisheit von Arnold Schwarzenegger:

»Höre nicht auf die Nein-Sager!«

Unsere Gelegenheiten sind beim Zweitunternehmen zudem viel reichhaltiger als beim ersten, da wir schon über einen immensen Erfahrungsschatz verfügen, aus dem wir schöpfen und von dem unser zweites »Kind« profitieren kann. Wie bei so vielen Dingen im Leben geht uns beim zweiten Mal alles leichter von der Hand, weil wir bereits erworbene Kompetenzen ohne große Anlaufzeit und Anpassungsprobleme übertragen können. Manchmal hilft uns auch die vorhandene Infrastruktur unseres Erstunternehmens, von der wir einiges auch mit ins zweite nehmen können und uns so Zeit, Geld und Nerven sparen.

Die gröbsten Fehler haben wir meist hinter uns, wichtige Lehren sind gezogen und in uns verankert. Daher kommen viele Unternehmer*innen beim Zweitunternehmen auch deutlich leichter voran, weil sie sicherer sind, Stolpersteine erkennen und umgehen können. Sie navigieren besser, wissen, worauf sie achten müssen, und fahren so schneller Erfolge ein, was zusätzlich motiviert.

Oftmals bereichert unser Zweitunternehmen sogar unser Erstunternehmen, weil sich meist Synergien ergeben und Kompetenzen ergänzen. Was das eine Unternehmen an Materialien, Personal, Kontakten und dergleichen hat, kann das andere gegebenenfalls auch nutzen. Zudem tut es unternehmerisch gut zu wissen, für den unerwünschten, aber manchmal eintretenden (Not-)Fall der Fälle ein Backup zu haben, das helfend einspringen und unterstützen kann.

Was schlummert noch alles an vielversprechenden Unternehmensideen in Ihnen?

Ganz gleich, was und wie wahrscheinlich es ist, dass sie daraus wirklich ein weiteres Unternehmen gründen: Allein das Wissen darum, dass einem die Ideen niemals ausgehen und dass man jederzeit etwas (zusätzliches) Neues starten kann, sorgt für einen permanenten positiven Antrieb. Und wenn Sie sogar wissen, was Sie ganz konkret als Nächstes angehen wollen, wenn Ihr »Erstling« läuft, sorgt das nicht nur für eine wundervolle Vorfreude, sondern gibt auch fürs Erstunternehmen einen zusätzlichen Kick, weil man das Neue schließlich erst starten kann, wenn's dem Bestehenden gut geht.

Übrigens: Wir können natürlich auch aus unserem Erstunternehmen noch mehr herausholen und daraus viele ein- oder zweieiige Zwillinge entstehen lassen, wenn wir beispielsweise über ein Geschäftsmodell verfügen, das sich im Franchise-System vermarkten lässt. So profitieren wir nicht nur finanziell, sondern werden vor allem zum Sprungbrett für andere, die unsere bewährten Konzepte, Produkte und/oder Dienstleistungen samt Marke übernehmen und unsere Unternehmensfamilie auf ihre Art bereichern. Ebenso könnten natürlich auch wir zum*r Franchise-Nehmer*in werden und von den Früchten der Arbeit anderer profitieren, sie weiterführen, wenn es schon etwas gibt, das uns begeistert.

Mit den eigenen Mitarbeiter*innen ein neues Unternehmen gründen

Natürlich können wir unsere zweite Unternehmung allein gründen, wir müssen es aber nicht. Vielleicht gibt es unter unseren bestehenden Mitarbeiter*innen einige, die ganz besondere Fähigkeiten besitzen und über die Tätigkeiten im bestehenden Unternehmen hinausgewachsen sind. Vielleicht sind manche hinsichtlich ihres Potenzials noch nicht optimal eingesetzt und könnten viel mehr, wenn sie dafür den passenden Raum hätten. Und genau den könnten wir ihnen bieten, wenn wir gemeinsam mit ihnen neu gründen.

Dies hat den Vorteil, dass wir nicht allein aktiv werden müssen, sondern Mitstreiter*innen haben, die wir kennen, denen wir vertrauen, mit denen wir eingespielt sind. Und sie bringen auch eigene Ideen mit, die das neue Unternehmen bereichern können. Ganz nebenbei ist dies zudem eine ideale Möglichkeit, um besonders gute Mitarbeiter*innen noch stärker und langfristiger an sich (und das Unternehmen) zu binden und über viele Jahre gut und erfolgreich miteinander zu arbeiten.

Mit den Liebsten etwas Neues gründen

Vielleicht reizt uns auch die Möglichkeit, mit Menschen aus unserem Familien- und/oder Freundeskreis ein gemeinsames Unternehmen zu gründen. Sei es der*die Partner*in, Kind*er, Enkel, Geschwister, Eltern, Onkel oder Tante, Cousin*e, Neffen oder Nichten, Patenkind*er, Freund*innen. Es kann erfüllend sein, mit denen, die man liebt, auch beruflich engere Bande zu knüpfen. So können wir nicht nur mehr Zeit miteinander verbringen, sondern auch neue tiefgehende Erfahrungen gemeinsam er- und durchleben, was uns noch enger zusammenschweißt.

Dabei muss es gar nicht unsere Idee sein, die wir zusammen mit unseren Lieben unternehmerisch umsetzen. Wir können es auch sein, die den Ideen unserer Liebsten eine Firmenform verleihen und ihnen dadurch die Möglichkeit geben, ihre eigenen Ziele, Wünsche oder Träume zu verwirklichen.

Zudem müssen wir im gemeinsamen Unternehmen nicht per se die Nummer 1 sein wie in unserem Erstunternehmen. Auch als Nummer 2, 3 oder 4 können wir uns einbringen. Egal, ob nach außen sichtbar oder unsichtbar im Hintergrund. Auch Backgroundsänger*innen sind auf der Bühne, wenn die Musik spielt, auch wenn sie nicht ganz vorne stehen. Dennoch sind sie unverzichtbar, weil sie den Star stützen, ihm mehr Volumen verleihen und ihn gut aussehen lassen.

Ganz bewusst können auch wir unseren Liebsten den Vortritt lassen, ihnen das Rampenlicht gönnen und ihnen dabei helfen, größer zu werden, zu wachsen. Stets gestützt und gehalten von unserer unternehmerischen Erfahrung. Es ist ein äußerst bereicherndes Gefühl, wenn wir live und hautnah miterleben, wie unsere Liebsten immer besser und stärker werden, ihre Rolle finden und (aus-)leben. Wir müssen nicht immer für eigene Fußstapfen sorgen, die anderen Probleme bereiten, wenn sie darin laufen, uns gar einholen sollen.

Bieten wir unseren Lieben doch lieber unbetretenes (Unternehmens-)Land und lassen sie ihre eigenen Schritte gehen, ihre eigenen Abdrücke hinterlassen, damit sie selbst erleben dürfen, was wir schon erlebt haben: die Freude und den Stolz, seinen eigenen Weg gegangen zu sein.

Der Lust frönen, mit der Zeit zu gehen und Neues auszuprobieren

Zum Glück leben wir in einer Welt voller sich permanent neu bietender Möglichkeiten. Es scheint kaum etwas zu geben, was heute nicht möglich ist. Und selbst das, was aktuell noch unmöglich erscheint, kann schon bald zur selbstverständlichen

Normalität werden. Kein Wunder, dass auch wir Unternehmer*innen ein Jucken in den Gründungsfingern verspüren, wenn sich außerhalb unseres bestehenden Geschäftsmodells etwas Neues tut.

Seien es die vielen neuen sozialen Medien mit ihren digitalen Vertriebsmöglichkeiten. Oder auch spannende Formen der Finanzierung und Käufer*innen-Gewinnung wie Crowdfunding oder auch der Beteiligung wie Crowdinvesting. Immer wieder entsteht etwas Neues, das unser Unternehmer*innen-Herz höherschlagen lässt, das wir aber nicht unbedingt in unserem bestehenden Unternehmen umsetzen können. Dafür aber in einem neu zu gründenden, durch das wir plötzlich komplett neue Welten entdecken können und so nicht nur mit der Zeit gehen, sondern sie aktiv nutzen und im besten Fall sogar mitgestalten oder gar nachhaltig prägen.

Anderen Menschen dabei helfen, ihre Passion zu leben

Wir leben in einer Zeit, in der es noch nie so einfach möglich war, sich an dem Unternehmergeist anderer Menschen zu beteiligen. Dabei müssen wir gar nicht an die Börse gehen und dort in die größten Aktienunternehmen dieser Welt investieren, zu denen wir außer unseren Aktien keinerlei realen Bezug haben. Wir können ganz nah dran sein an Unternehmen und ihren Gründer*innen, uns mit ihnen unterhalten, ihnen unser Geld anvertrauen und ihre Visionen unterstützen.

Ob bereits gegründetes, erst in Gründung befindliches Start-up oder etabliertes Unternehmen: Wir müssen nur nach den Geschäftsmodellen und Menschen suchen, die wir unterstützen wollen mit unserem Know-how, unseren Kontakten und/oder unserem Geld. Es ist weniger die Aussicht auf eine mögliche finanzielle Partizipation in Form einer cleveren Geldanlage, die den Reiz ausmachen kann. Es ist vielmehr die Freude daran, teilzuhaben an den Visionen und Leidenschaften anderer und ihnen dabei helfen, diese zu verwirklichen. Vielleicht sogar als unternehmerisches Vorbild.

Als Investor*in oder Business Angel sind wir im Austausch mit anderen Unternehmer*innen, können ihnen helfen, auf die richtige Spur zu kommen, sie vor Fehlern bewahren und nicht selten mit einem Tipp oder Kontakt gleich mehrere Stufen auf einmal voranbringen. Es ist ein erhabenes Gefühl, gebraucht zu werden, ein unverzichtbarer Teil im (Unternehmer*innen-)Leben anderer zu sein.

Zudem werden wir auch selbst immer wieder von unseren neuen Geschäftspartner*innen mitgezogen, wenn es neue Erfolge zu feiern gibt, wichtige Probleme gelöst oder großartige Neuigkeiten zu vermelden sind. Gerade, wenn wir als Unternehmer*in älter werden, ist es unglaublich bereichernd, wenn wir uns mit jungen Gründer*innen umgeben. Ihre Energie, ihre Unvoreingenommenheit, ja, manchmal sogar ihre Naivität tun uns gut, weil sie uns auch daran erinnern, wie wir damals in ihrer Rolle waren. Nicht umsonst wirken viele ältere Unternehmer*innen um Jahre jünger, als sie tatsächlich sind. Etwas zu unternehmen hält eben jung – privat wie beruflich.

> »Ja, aber…«
>
> »*Wer will denn noch mal ganz von vorn anfangen und sich selbst noch mehr Arbeit machen?*«
>
> Vielleicht kennen Sie Menschen, die mit 45 oder sogar 50 noch mal Eltern werden. Oder die mit 60 den Job wechseln, um vor der Rente noch mal etwas Neues zu erleben. Manche fangen sogar mit 70 ein Hobby an, das sie sich mit 30 nie getraut hätten. Wir

Menschen haben (zum Glück) Lust auf Neues, Lust zum Erleben und Ausprobieren. Warum sollten wir nicht auch unternehmerisch ab und an etwas Neues angehen?

Kennen Sie den schönen Spruch von Gerhart Hauptmann: »Sobald jemand in einer Sache Meister geworden ist, sollte er in einer neuen Sache Schüler werden.« Solange wir offen sind für Neues, bereit zu lernen, werden wir uns immer weiterentwickeln. Wer weiß, wer wir noch sein können, was noch alles auf uns wartet… Herausfinden werden wir es nur, wenn wir uns trauen, ganz gleich in welchem Alter, die Segel zu setzen und uns ins Abenteuer zu stürzen.

Übrigens: Mehrere Unternehmen zu führen beziehungsweise an ihnen beteiligt zu sein hält jung und ist eine wunderbare Möglichkeit, die eigene Gesundheit in Schwung zu halten. Wer sich auch im (hohen) Alter noch mit Bilanzen, Geschäftsmodellen und vielleicht sogar unternehmerischen Alltagsproblemen beschäftigt, der rostet garantiert nicht ein, sondern hält sich fit und gelenkig – körperlich wie geistig. Und auch emotional macht es etwas mit uns, wenn wir Mehrfach-Unternehmer*in sind. Wir nehmen weiterhin am Spiel des Lebens aktiv teil, erfahren immer wieder spannende Neuigkeiten, sind Teil von Erfolgen und gefühlsmäßig verbunden mit dem, was wir (oder andere für uns) unternehmen.

Vom Glück des Gründens

Ein Gastbeitrag von Jochen Schweizer

Seit über 50 Jahren bin ich Unternehmer. In dieser Zeit habe ich oft erleben dürfen, dass Gründen nicht nur glücklich macht, sondern vor allem auch frei. Die folgenden fünf Schritte stehen exemplarisch für die vielen Schritte eines langen Weges.

1. Geld wächst auf Bäumen

Ich bin ein Kind der 50er-Jahre und stamme aus einfachen Verhältnissen. Meine Mutter war arm, alleinerziehend und arbeitete hart. Taschengeld gab es nicht. Als klassisches Schlüsselkind war ich viel auf mich allein gestellt. Das klingt nicht so gut, ich weiß – allerdings mit dem Schlüssel um den Hals hatte ich eine Menge Freiheit. Diese führte mich als Zwölfjährigen in der Adventszeit über die Weihnachtsmärkte, auf denen mit Silberbronze angesprühte Misteln verkauft wurden. Misteln kannte ich bis dahin nur von den hohen Bäumen, auf die ich leidenschaftlich gerne kletterte, möglichst höher als jedes andere Kind. Hoch oben wuchsen auch die schönsten und vermeintlich unerreichbarsten Misteln. Noch in der gleichen Adventszeit gründete ich mein erstes Business: »Jochis magische Misteln«. Vielleicht weil ich ein kleiner blonder Bengel war, fanden die Misteln reißenden Absatz. Und das Beschaffen von Nachschub gab meinen halsbrecherischen Klettereien einen zusätzlichen Sinn. Zwei wichtige Lehren zog ich daraus. Erstens: Geld wächst auf Bäumen. Zweitens: Persönliche Freiheit setzt finanzielle Unabhängigkeit voraus.

2. T-Shirts sind mehr als Bekleidung

Als jugendlicher Schüler der frühen 70er-Jahre war ich fasziniert von den Büchern des norwegischen Abenteurers und Völkerkundlers Thor Heyerdahl, während in meiner Heimatstadt Heidelberg jede Woche gegen irgendetwas demonstriert wurde. Ich begann T-Shirts mit Motiven zu bedrucken, die immer etwas mit den Themen zu tun hatten, mit denen ich mich gerade beschäftigte. So trug ich diese Themen sichtbar mit mir herum. Zwei Motive entwickelten sich dabei zu echten Verkaufsschlagern: Der Schriftzug »Ra unlimited« auf einem großen Sonnenmotiv war inspiriert von Thor Heyerdahls Atlantiküberquerung auf einem Papyrusboot, und »Freiheit für Luis Trenker, nieder mit dem Watzmann« war meine ironische Antwort auf die zahlreichen Studentendemos. Das befriedigende, glückliche Gefühl, etwas geschaffen, produziert oder ermöglicht zu haben, wurde zur Triebfeder meines späteren Lebens als Gründer, Unternehmer und Investor.

3. Der Suizidus interruptus

Als junger Mann war Kajakfahren meine Religion. Es ging darum, in windigen Plastikbooten die wildesten Flüsse der Welt zu befahren, möglichst solche, auf die sich noch niemand zuvor gewagt hatte. Unser soziales Netzwerk damals hieß: Draußen. Obwohl Social Media in den Achtzigern noch nicht einmal eine Idee war, hatte sich unser Tun irgendwie herumgesprochen. Wohl deswegen erhielt ich einen Anruf von Willy Bogner:»Bist du Jochen, der verrückte Kajakfahrer?«»Ja«, antwortete ich.»Hast du Lust, in einem Extremsport-Film mitzumachen, mit Roger Moore in der Hauptrolle?«... Einige Monate später befahre ich bei den Dreharbeiten von »Fire, Ice & Dynamite« den als unfahrbar geltenden Wasserfall der Verzasca-Schlucht. Tags darauf, in einer der langen und langweiligen Drehpausen komme ich auf die Idee, aus den vielen Expander-Gummis, die an dem großen Bootsanhänger herumhängen, ein elastisches Seil zu bauen. Mit diesem allerersten»Bungee« springen wir dann fröhlich von einer alten, etwa 15 Meter hohen Genueser Brücke, die über den wilden Verzasca führt. Willy kommt vorbei, sieht das und fragt mich:»Sag mal, Jochen, kannst du damit auch von einer Staumauer springen?«»Na klar«, höre ich mich sagen. Was ich nicht wusste: Diese Staumauer ist 220 Meter tief. Der Rest ist Geschichte, plötzlich war ich der Bungee-Guru. Dabei hätte jeder diesen Sprung machen können, wirklich jeder. Ich hatte seit meinem zehnten Lebensjahr trainiert, um zu den besten Extrem-Kanuten der Welt zu gehören, und dann springe ich einmal mit dem Gummiseil eine Staumauer runter, und plötzlich bin ich berühmt. Das heißt ja nicht, dass ein leicht verdienter Erfolg wertlos ist, aber nur man selbst kann wissen, was einen die meiste Kraft, die meiste Anstrengung gekostet hat. Jetzt wollten plötzlich alle springen. Manche Chancen im Leben kommen nur einmal, und wenn man sie verstreichen lässt, sind sie vertan. Ich griff entschlossen zu und gründete die Jochen Schweizer Bungee-Jumping GmbH. Das war dann mein drittes Business. In den folgenden zehn Jahren springen etwa 600.000 Menschen an den über 40 Sprunganlagen, die ich eröffne. Das war wirklich ein Hype, die glücklichste Zeit in meinem Leben als Gründer. Glücklich nicht allein wegen des guten Geldes, das ich verdiente, sondern vor allem wegen der vielen Menschen, für die die Überwindung der Angst beim Sprung in die Tiefe ein befreiendes Erweckungserlebnis ist. Natürlich können Außenstehende trefflich über die Sinnhaftigkeit dieses Tuns debattieren und es als »Suizidus interruptus« bezeichnen. Aber wer einmal seine eigene (Ur-)Angst überwunden hat, der hat eine vermeintlich für ihn geltende Grenze verschoben und wird in der Folge noch viele weitere Grenzen verschieben.

4. Das Erlebnis-Geschenk

Als der Hype endete, geriet das Unternehmen in eine Krise, und wir waren gezwungen, uns neu zu erfinden. Wir wurden vom Erlebnisproduzenten zum Erlebnishändler. Anstelle des aufwendigen Betriebs von Sprunganlagen verlegten wir uns auf die Vermittlung von Erlebnissen wie Fallschirmspringen, Eisklettern oder Quadfahren, die nicht mehr von uns, sondern von angeschlossenen Erlebnispartnern realisiert werden. Aber erst mit der digitalen Skalierung dieser Idee, nämlich das Erlebnis zu einem neuen Handelsprodukt zu machen, zu einem (Erlebnis-)Geschenk, wurde aus dem steinigen Pfad eine breite, gut ausgebaute Straße. 2002 begann das digitale Zeitalter, und 2004 ging unsere erste Webseite online. Als Menschen sind wir polar, ja vielleicht brauchen wir die Polarität, um Glück zu empfinden. Denn wenn ich nicht durch diese schwere Zeit hätte gehen müssen, dann hätte ich das enorme Glück nicht zu schätzen gewusst, als das Geschäftsmodell nach drei schwierigen

Jahren endlich Traktion entwickelte. 2008 machten wir dann zum ersten Mal eine Million Umsatz. Pro Tag. Das war am 17. Dezember. In unserer Online-Abteilung arbeitete ein Trompeter, und immer, wenn wieder 1000 Verkäufe realisiert waren, stieß er ins Horn. Das schallte durch alle Büros unseres inzwischen 250 Mitarbeiter*innen starken Teams, und an allen Tischen wurde gelacht. In einem langen Flur hingen lustig fotografierte Porträts aller Mitarbeiter*innen, und darüber stand riesengroß:»Wir sind Jochen Schweizer.« Mein Name war zu einer Marke geworden. Und eine Marke ist nichts anderes als die gemeinsame Intention aller Menschen, die hinter ihr stehen. In dieser Wachstumsphase, in der es natürlich nicht nur steil nach oben ging, sondern die auch von Rückschlägen gezeichnet war, gab es ungeachtet der vielen Kämpfe immer wieder glückliche Momente. Momente, die man, wie ich glaube, nur als Gründer eines eigenen Unternehmens erleben kann. Das größte Glück verschaffte mir aber das Gefühl, das Leben von Millionen Menschen mit Erlebnissen zu bereichern.

5. Die Jochen Schweizer Arena

Im Januar 2017 erlebte ich dann einen ganz besonders glücklichen Moment – als wir zum ersten Mal die Turbinen unseres selbst gebauten vertikalen Windkanals anwarfen – noch ganz ohne Steuerung und manuell –, ich in den Wind sprang und flog, so frei wie im freien Fall. Das war meine eigentliche Idee dieser Gründung. *Our reason why*: Zu fliegen mit nichts als dem eigenen Körper. Um diesen Windkanal herum entstand dann ein ganzes riesiges Areal, eine Erlebniswelt mit der ersten stationären Indoor-Tiefwasser-Druck-Surfwelle der Welt, einem Outdoor-Erlebnispark und einem speziellen Areal für Firmenveranstaltungen. Das Symbol des ZEN ist der Kreis. Mit der Arena kehre ich zurück zu meinen Wurzeln als Erlebnis-Produzent, als Event-Veranstalter. Schon von Hunderten Firmen kamen die Mitarbeiter*innen als Gruppen – und gingen als Teams. Denn gemeinsame Erlebnisse sind der Kitt jeder sozialen Beziehung.

Über den Gastautor

Jochen Schweizer, Jahrgang 1957, ist Gründer und Active Chairman der Jochen Schweizer Gruppe, die alle Aktivitäten der Person Jochen Schweizer als Unternehmer, Investor, Redner, Autor und TV-Persönlichkeit bündelt. Er gilt als Pionier unter den Extremsportlern und erfand mit der Erlebnis-Geschenkbox ein völlig neues Handelsprodukt. Mit der Jochen Schweizer Arena im Süden Münchens hat er ein einzigartiges Markenhaus für Firmenveranstaltungen und private Besucher geschaffen. Als ehemaliger Stuntman hält er bis heute den Guinness-Weltrekord für den tiefsten Bungee-Sprung mit einer Falldistanz von über 1.000 Metern. 2015 wurde sein Name »Marke des Jahrhunderts«. Für sein Engagement in dem TV-Format »Die Höhle der Löwen« wurde er mit dem Deutschen Fernsehpreis 2016 ausgezeichnet.

17

Die Welt mit seinen Angeboten prägen

Nichts muss, alles kann.
Das Wunderbare am Unternehmertum ist seine schiere Grenzenlosigkeit. So können wir als Unternehmer*innen nicht nur aktiv dabei mithelfen, die Welt im Kleinen Stück für Stück weiter zu verbessern. Wir können ebenso dafür im Großen sorgen, dass sie in Teilbereichen einen Quantensprung erfährt oder dass ein neuer Trend in Gang gesetzt wird, der Entscheidendes verändert.

Mit unserem Unternehmen können wir Märkte revolutionieren, sie komplett auf den Kopf stellen oder ganz neue eröffnen. Das Unternehmertum schafft hierfür nicht nur den Raum, es fordert uns förmlich dazu auf, etwas Eigenes zu erschaffen, das eine ganze Branche oder unseren Alltag prägt. Nutzen wir diese großartige Möglichkeit doch einfach in unserem Sinne und zum Nutzen vieler anderer Menschen.

Warum sind Innovationen und Einzigartigkeit so wichtig für uns alle?

Was wäre unsere Welt ohne Unternehmen, ohne Produkte, ohne Dienstleistungen? Nicht nur recht eintönig und karg, sondern auch komplett anders, als wie wir sie kennen und lieben. Auch wenn es oftmals nicht bemerkt oder gar gewürdigt wird, sind es Unternehmen, die unserem Alltag den notwendigen Rahmen geben. Sie sorgen mitsamt Millionen mitarbeitender Menschen dafür, dass wir unser Leben so leben können, wie wir es uns wünschen.

Ohne Autohersteller kämen wir nicht so individuell und bequem von A nach B. Ohne Bauunternehmen und die unzähligen Zulieferer würden wohl kaum neue Häuser gebaut werden. Und ohne Supermärkte wären wir alle wohl sehr oft sehr hungrig. Überlegen Sie doch selbst einmal, wie viele Unternehmen und deren Produkte beziehungsweise Dienstleistungen Sie benötigen, um Ihr Leben so zu leben wie heute. Worauf müssten Sie verzichten, wenn es keine Anbieter*innen gäbe?

Oder denken Sie an sich selbst und Ihre heutige Arbeit: Was tragen Sie dazu bei, dass andere ihren Alltag wie gewohnt bestreiten dürfen? Wer ist auf Sie und Ihre Arbeit angewiesen? Für wen sind Sie und Ihre Arbeit ein echter Gewinn und unverzichtbar?

Unternehmen sind ein essenzieller Bestandteil unseres Lebens, weil wir ohne die meisten von ihnen einfach nicht (mehr) leben können. Unternehmen sorgen aber für weitaus mehr als für die Sicherung unseres Alltags: Sie machen unser Leben einfacher, bequemer, flexibler, kostengünstiger, vielfältiger, intensiver und stellen es manchmal sogar auf den Kopf, weil sie uns etwas bieten, das uns begeistert und voranbringt.

Gerade weil es nicht nur ein Unternehmen gibt, das beispielsweise (Elektro-)Fahrräder herstellt, werden die angebotenen Produkte und Dienstleistungen mit der Zeit oftmals qualitativ hochwertiger und/oder günstiger. Der Wettbewerb der Unternehmen untereinander treibt jedes einzelne von ihnen zu Höchstleistungen, von denen ihre Kund*innen durch mehr Auswahl und tiefere Preise profitieren. Aber auch für die Unternehmen ergeben sich hierdurch erhebliche Vorteile. Das Wetteifern um die (immer wieder neue) beste Lösung und der damit verbundene Wunsch nach unternehmerischer Einzigartigkeit, also positiver Abgrenzung zum Wettbewerb, fordern den Einfallsreichtum heraus und fördern immer wieder neue Innovationen zutage, die ohne Wettbewerb vielleicht niemals entstanden wären.

Wo wären wir als Menschheit, wenn wir uns gar nicht weiterentwickelt hätten? Und was wären wir ohne die sogenannten Game-Changer, also Erfinder, die mit ihrem Wirken etwas Grundlegendes zum Positiven verändert haben?

Was denken Sie, wie würden wir uns heute wohl fortbewegen, wenn Carl Benz damals nicht den Grundstein für die spätere Serienreife des Autos gelegt hätte? Der Weg von der Eisenbahn über das Auto und das Flugzeug bis hin zur Mondrakete war ein weiter, doch auch dieser wäre nicht möglich gewesen ohne den pionierhaften Erfinder*innen-Geist und eine*n, der*die sich traute, neu und anders zu denken und vor allem zu handeln.

Dieses Prinzip gilt für alle unsere Lebensbereiche. Wie würden wir heute kommunizieren, wenn Samuel Morse nicht den nach ihm benannten Morseapparat erfunden hätte? Oder wenn Philipp Reis 1861 der Öffentlichkeit nicht sein »Telephon« präsentiert hätte, das Alexander Graham Bell weiterentwickelte und einige Jahre später als Telefon patentieren ließ. Wäre ein Erfolg von Apple, Alphabet mit seinem Google und Co. ohne Konrad Zuse, der 1941 den ersten Computer vorstellte, überhaupt möglich gewesen? Und würden wir überhaupt Bücher in ihrer heutigen Vielfalt genießen können, wenn Johannes Gutenberg mit der Erfindung des Buchdrucks Mitte des 15. Jahrhunderts nicht den entscheidenden Grundstein gelegt hätte?

Alle Produkte und Dienstleistungen waren schon immer Teil eines permanenten Fortschritts. Eine Welt ohne bahnbrechende Neuheiten ist heute erst recht nicht mehr vorstellbar, weil wir über unglaubliches Wissen, tiefgehende Erfahrungen und unzählige technische Möglichkeiten verfügen, die uns unweigerlich dazu führen, sie bestmöglich im Sinne der Menschheit zu nutzen.

Wo es früher materieller Güter bedurfte, wie dem Teleskop oder dem Laser, um ganze Sicht- und Arbeitsweisen radikal zu verändern, reichen heute unsichtbare digitale Güter, um ganze Branchen umzukrempeln, zum Verschwinden zu bringen und gleichzeitig neue zu erschaffen. Dies hat Jeff Bezos mit Amazon schon bewiesen, und Elon Musk hat mit Tesla bereits damit begonnen – um nur zwei Beispiele zu nennen.

In Zukunft wird es nicht mehr ausreichen, Bestehendes »nur« zu optimieren. Wir brauchen innovative Lösungen und bahnbrechende Erfindungen, um die vielen großen Herausforderungen unserer Zeit zu meistern. Wie viel hier bereits heute schon möglich ist, zeigt das gerade entstehende Internet of Things, das physische Objekte (über das Internet) miteinander verbindet und ihre Fähigkeiten über eingebaute Sensoren und Software erweitert. Was hiermit möglich ist, kann man erahnen, wenn man sich die sogenannten Smarthomes ansieht, die man komplett per Handy steuern kann – von der Kaffeemaschine über die Haustür bis zur Heizung.

Viele weitere Innovationen sind bereits in den Startlöchern beziehungsweise haben sich schon daraus erhoben, wie das autonome Fahren, Lufttaxis oder die Blockchain-Technologie. Es ist also nicht eine Frage, *ob* es geht, sondern nur *wie*. Und vor allem *wer* dafür sorgt. Sie vielleicht!?

Woher kommen Innovationen und was braucht es, um sie zu erfinden?

Innovationen fallen nicht vom Himmel. Sie fallen Menschen ein, die sich trauen, das heute Unmögliche möglich zu machen. Jedes Produkt und jede Dienstleistung, die die Welt veränderten, kamen oftmals von Menschen, die als Gründer*innen starteten. Obwohl viele von ihnen bestimmt fest an ihre Ideen geglaubt haben, wussten sicherlich nicht alle, ob diese auch funktionieren, geschweige denn, ob sie zu weltverändernden Innovationen oder sogar zu einem essenziellen Teil unserer Menschheitsgeschichte werden würden.

Doch genau diese aufregende Ungewissheit macht das Gründen so reizvoll. Wir können mit unseren Angeboten in die Geschichte eingehen, auch wenn wir davon bei der Gründung nicht ausgehen, es gar nicht planen. Trotzdem kann die nächste große Innovation von uns kommen und sogar für immer mit unserem Namen verbunden sein. Auch Gustav Langenscheidt hätte 1856 wohl niemals geahnt, dass sein Name über Generationen hinweg damit verbunden sein würde, Sprachen zu lernen und Menschen dabei zu helfen, sich mit Worten verständigen zu können, auch wenn man unterschiedliche Muttersprachen hat.

Zwar können wir nicht allein darüber entscheiden, ob aus einer unserer Ideen etwas Weltveränderndes wird, aber wir werden erst dann herausfinden, wozu sie imstande sind, wenn wir sie Wirklichkeit werden lassen. Hierbei hilft uns vor allem die Lust am freien Herumspinnen und Experimentieren, denn bekanntlich zeichnen sich Innovationen dadurch aus, dass es sie noch nicht gibt.

Von daher ist es zwingend notwendig, neu zu denken und auf einem bisher noch unbekannten Weg an etwas heranzugehen. Manchmal muss man hierzu sogar zumindest gedanklich die Welt verlassen und sich vom Bestehenden lösen, um frei und unvoreingenommen denken zu können. Auf dem Weg zum Exzellenten kommen wir an viel Banalem vorbei. Doch dies gehört zur Findung von echten Neuheiten einfach dazu. Die größten Schätze dieser Welt sind meist besonders gut verborgen. Und auch weltverändernde Innovationen erforderten das Suchen in neuen Sphären. Das elektrische Licht ist schließlich auch nicht entstanden, weil jemand einfach nur Kerzen immer weiter verbessert hat.

Unternehmen werden zukünftig immer mehr nach revolutionären Produkten und/oder innovativen Leistungen suchen (müssen). Und auch wir als Gründer*in können (und sollten) schon zu Beginn unsere Unternehmer*innen-Laufbahn damit beginnen, indem wir uns einige spannende Fragen zu unserem geplanten Unternehmen samt unseren Angeboten stellen:

*Worin sind wir echte Spezialist*innen und wissen/können etwas, das wir weiter verfeinern und somit zu einer Innovation machen können?*

Welche einzigartigen Ideen hatte ich schon einmal, denen ich damals aber keine große Beachtung geschenkt habe?

Was gibt es bereits an Angeboten, die aber noch nicht am Ende ihrer Möglichkeiten sind und auf eine neue Stufe gehoben werden könnten?

In welchem Bereich ist die Notwendigkeit am größten, einen Quantensprung in der Entwicklung zu machen und komplett neue Angebote zu erfinden?

Wenn wir uns auf einen Bereich festlegen müssten, in dem die Wahrscheinlichkeit am höchsten ist, dass wir hier neue innovative Ideen finden, welcher wäre dies?

Und auch später, wenn unser Unternehmen etabliert ist, sollten wir uns regelmäßig immer wieder die Frage »Was ist noch möglich?« stellen, um auch zukünftig nicht nur up to date zu sein, sondern sozusagen sogar »upper to date«. Helfen können uns hierbei zwei ungewöhnlich klingende Fragen:

1. Was würde es brauchen, damit es mein Unternehmen in drei Jahren nicht mehr gibt?

Oder, anders gefragt: Wie könnte eine Innovation aussehen, die unser Geschäftsmodell von heute auf morgen über den Haufen wirft, wenn sie jemand anderes erfindet? Mit welchem Angebot könnte jemand anderes uns unternehmerisch so richtig schaden? Was müsste morgen neu auf den Markt kommen, damit unser Umsatz sofort auf null runterfährt?

2. Was braucht es, damit ich Weltmarktführer werde?

»Think big!« ist nicht nur ein wunderbarer Rat für jeden Privatmenschen, sondern auch für uns Gründer*innen. Gerade wegen unserer begrenzten eigenen Lebenserfahrung können wir oft nicht überblicken, was alles an Glück und Erfolg auch für uns möglich wäre. Daher ist Träumen dringend erlaubt und der Griff nach den unternehmerischen Sternen fast ein Muss. Denn erst dann, wenn wir über unseren Tellerrand hinausdenken, werden wir Ideen finden, die wir aus uns selbst heraus niemals gefunden hätten. Viele Lebens- wie Unternehmens-Booster liegen hinter unserem Horizont und werden erst sichtbar, wenn wir uns selbst überraschen und höher denken, als wir zu können glauben.

Machen wir zumindest das für uns unmöglich Erscheinende möglich!

Begeben wir uns auf Innovationssuche – und sei es nur zum Spaß, ohne dass daraus etwas Unternehmerisches werden muss. Nicht selten entstehen beziehungsweise finden wir gerade durch diese drucklose Freiheit die besten Ideen. Denn etwas Innovatives zu finden gleicht meist weniger einem Schöpfungsprozess als vielmehr einer Schnitzeljagd ohne für alle sichtbare Hinweise.

Wenn wir lernen, das zu sehen, was andere übersehen, was aber einen Blick wert ist, sind wir schon auf dem richtigen Weg. Und vielleicht erleben wir ja unseren »Heureka!«-Moment ebenso zufällig wie der Mathematiker, Physiker und Ingenieur Archimedes von Syrakus bei einem (Ideen-)Bad.

Trauen wir uns mehr zu, als wir heute für möglich halten, denn mit einer Prise Selbstüberschätzung gelingt es uns viel leichter, das Unfindbare zu finden oder das Undenkbare zu denken.

Es liegt allein an uns und unserem Glauben, wie es zwei Lichtgestalten des Unternehmertums zwar mit unterschiedlichen Worten, aber mit der gleichen Geisteshaltung ausdrückten:

»*If you can dream it, you can do it.*« (Walt Disney)

»*Man muss nur wollen und daran glauben, dass es geschehen wird.*« (Ferdinand Graf von Zeppelin)

Und selbst wenn wir es nicht schaffen sollten, eine bahnbrechende Erfindung zu machen: Trösten wir uns mit dem Gedanken, dass auch kleine Neuerungen im Alltag Innovationen sind, auch wenn sie nicht so große Wellen schlagen wie solche, die weltweit für Furore sorgen. Aber auch für diese gibt es eine berechtigte Hoffnung, selbst wenn wir sie zu unseren Lebzeiten nicht mehr genießen dürfen.

Beispiele für Menschen, die etwas Revolutionäres erschaffen haben, dessen Erfolg jedoch nicht mehr miterleben durften, gibt es unzählige. Natürlich sind posthume Erfolge für uns nicht so schön wie die, die wir mitbekommen, aber dadurch werden sie nicht weniger wichtig für andere. Und darum geht es doch schließlich in erster Linie: Mit Innovationen das Leben anderer zu erleichtern, zu verschönern und die Welt zu einem (noch) besseren Ort zu machen. Richtig? Auch wenn dies nicht immer sofort gelingt und manchmal sogar erst nach unserer eigenen Zeit auf Erden, wenn unser Unternehmen(swerk) uns überlebt.

Als stellvertretendes Beispiel sei der Maler Vincent van Gogh gemeint, der, wie etliche seiner Maler*innen-Kollegen, erst nach seinem Tod wirklich erfolgreich wurde. Van Gogh, der lange unter seiner Erfolglosigkeit litt, wird ein wundervoller Satz zugeschrieben, der jedem/jeder Gründer*in Mut machen kann, zu tun, woran man glaubt – ganz gleich, wie erfolgreich es aktuell ist: »Vielleicht hat Gott mich zu einem Maler gemacht für Menschen, die noch nicht geboren sind.«

Manche Menschen dürfen nach ihrem Tod ein Stück weit weiterleben durch das, was sie geschaffen und der Welt hinterlassen haben. Machen wir uns doch auch zu diesen besonderen Menschen, indem wir uns auf den Weg machen zu den Innovationen, die von uns ge- und erfunden werden wollen.

»Ja, aber…«

Warum soll ausgerechnet ich eine Innovation (er-) finden?

Natürlich können wir unser Unternehmen auch ohne Innovation gründen. Dies geschieht übrigens bei 99,99 Prozent aller Gründungen und ist auch gut. Würden Unternehmen nur gegründet, wenn sie eine echte Innovation zu bieten hätten, wäre unsere Wirtschaft heute wohl sehr überschaubar. Den (noch) sehr wenigen leuchtenden Vorbild-Innovatoren stehen sehr viel mehr Noch-Nicht-Innovatoren gegenüber, was nicht schlimm ist. Im Gegenteil. Viele Innovationen ergeben sich erst aus dem Tun heraus, dem Ausprobieren und Optimieren.

Daher dürfen wir Gründer*innen nie verzweifeln, wenn wir »das Sensationelle« noch nicht sofort ge- oder erfunden haben. Nicht selten passiert so etwas scheinbar nebenbei, aus dem Nichts heraus von einem Moment auf den nächsten. Alles fußt jedoch immer auf unserem Gespür für die Suche nach dem möglichen Optimum. Wenn wir uns selbst und auch unsere Angebote stetig verbessern wollen, überrascht uns nicht selten eine Innovationsidee von der Seite und haut uns um.

Manche Ideen verhalten sich nämlich wie Bambus. Einige Jahre hocken sie versteckt im Boden, ohne dabei untätig zu sein. Unbeobachtet werden sie größer, stärker, bis sie »plötzlich« (wenn ihre Zeit gekommen ist) aus dem Boden schießen, das Licht der Öffentlichkeit erblicken, in atemberaubender Geschwindigkeit wachsen und nicht mehr aufzuhalten sind.

Während beim Bambus die Rhizome mit ihren Unmengen an gespeicherten Nährstoffen für dieses exponentielle Wachstum sorgen, sind im Unternehmen wir es mit unseren wachsenden Denk- und Handlungsfähigkeiten. Je länger und intensiver wir unternehmerisch tätig sind, desto besser wissen wir, was (wie) geht und was (wie) besser gehen könnte. Manchmal sind wir einfach unserer Zeit voraus, was nicht heißt, dass unsere Zeit niemals kommen wird.

Ein Hersteller von Hochtemperaturfett beispielsweise dümpelte jahrelang recht erfolglos vor sich hin, da die Industrie weder dazu in der Lage war, Maschinen zu produzieren, die mehr als 1.000 Grad heiß wurden, noch so hitzige Produktionsverfahren für ihre herzustellenden Güter benötigten. Als dies jedoch eines Tages möglich und nötig wurde, gab es nur einen Hersteller am Markt, der über Schmierfett verfügte, das auch die heißesten Maschinen am Laufen hielt. Und da die Hersteller nicht permanent neue Maschinen kaufen wollten und andere Anbieter erst hektisch an Schmierfettlösungen für derart heiße Temperaturen arbeiten mussten, wurde das bis dahin eher unbeachtete Unternehmen für das lange beharrliche Warten und den Glauben an das richtige Produkt reichlich belohnt.

Manche Ideen brauchen einfach ihre Zeit, bis sie im positiven Sinne explodieren und ein Glücksfeuerwerk zünden. Warum nicht auch die Ihren!?

Vom Glück des Gründens

Ein Gastbeitrag von Anita Tillmann

Gründen ist wie ein Rausch. Ich liebe es, zu schaffen, Dinge zu verändern, und ich liebe es, mein Wissen und meine Erfahrungen zu teilen. Ich mag es, in Teams zu arbeiten, und empfinde es als euphorisierend, andere davon zu überzeugen, dass es etwas Besseres gibt als das Offensichtliche. Ich habe beim Gründen unserer Firmen viel über mich selbst und über andere Menschen gelernt und ich habe einen anderen Blick auf die Mode- und Eventbranche bekommen.

Als ich 2002 mit meinen Partner*innen die PREMIUM Exhibitions GmbH gründete, wusste ich nicht, was auf mich zukommen würde, aber ich war zutiefst davon überzeugt, dass es richtig war. Wir trugen all unser Wissen, unsere Kontakte und Ideen zusammen und legten los. Unternehmertum war mir von Haus aus nicht fremd, doch ich habe Ingenieurswesen studiert, nicht Betriebswirtschaftslehre. Es wurden mir weder Strategien noch Kapital zum Gründen zur Verfügung gestellt. Mein Großvater hat einige Firmen aufgebaut, und wir haben weitere erfolgreiche Unternehmer in der Familie. Die Fähigkeit, zu gründen und zu improvisieren, wurde mir quasi vorgelebt, aber nicht beigebracht. Wenn etwas, das wir uns vornahmen, nicht klappte, so sollten wir uns einfach etwas Neues überlegen und weitermachen. Stillstand war zu keinem Zeitpunkt eine Option. Die damit einhergehende Flexibilität und Schnelligkeit bei der Entscheidungsfindung ziehen sich noch heute wie ein roter Faden durch meine Karriere. Mein Ziel war es nicht nur, eine Modemesse zu gründen, ich wollte etwas Neues schaffen. Mit der Idee, ein revolutionäres Messekonzept zu etablieren, gingen wir zum Platzhirsch, der damals größten Modemesse der Welt, und stellten sie vor. Es gab allerdings keine professionell ausgearbeitete Präsentation, und wir waren nicht vorbereitet auf mögliche Fragen, die uns hätten gestellt werden können. Die Herren waren offensichtlich gelangweilt von unserer Performance, rückblickend wahrscheinlich zu Recht. Bereits nach kurzer Zeit rieten sie, etwas anderes zu machen. Ich als hübsche junge Frau hätte doch sicher auch viele andere Möglichkeiten, meinten sie. Ich war Ende 20, gut ausgebildet, voller Leidenschaft und auf 180!

Mein Kampfgeist und der Wille, es jedem Kritiker zu beweisen, waren geweckt. Wir blieben dran, mit Erfolg. Wir haben auf dieser Reise viele Fehler gemacht, und es gab viele Aufs und Abs. Wir machten einen Schritt vor und dann wieder zwei zurück. Wir haben uns gestritten, versöhnt und versucht, immer das Produkt in den Vordergrund zu stellen, mal mehr und mal weniger erfolgreich. Auch das gehört dazu. Auf dem Weg, die innovativsten und größten Modemessen PREMIUM und SEEK für Advanced Contemporary Fashion und Lifestyle in Europa zu werden, die wir heute sind, haben wir viele Mitbewerber*innen abgehängt und teilweise auch aufgekauft. Wir haben innovative Konferenzformate wie die FASHION-TECH Konferenz gegründet, die Fashion Week in Berlin ins Leben gerufen und etabliert und sind schnell gewachsen. 2007 kauften wir dann einen etwa 27.000 Quadratmeter großen und 100 Jahre alten Bahnhof mitten in Berlin. Nein, wir waren bis dahin keine Immobilienentwickler, doch wir haben es *by doing* gelernt, und in diesem Zusammenhang wurden wir auch noch eine der wichtigsten Eventveranstalter mit der größten Location der Stadt. Jetzt gerade gründen wir wieder etwas ganz Neues, die Frankfurt Fashion Week. Gemeinsam mit der Messe Frankfurt gründen wir derzeit eine neue Heimat für die zukunftsorientierte Mode- und Lifestyle-Community in Frankfurt am Main. Es entsteht ein ganz neues Ökosystem für diese Fashion Week mit Fokus auf Nachhaltigkeit und Digitalisierung. Zeitgeist trifft Zukunft, so unser Motto – *Reform the Future.* Zum Glück des Gründens gehört auch ein hervorragendes Team, eine Portion Mut, Visionsfähigkeit, manchmal auch etwas Größenwahn und ein Gefühl für den richtigen Zeitpunkt. Und ja, ich werde es wieder tun. Alle sollen mindestens einmal im Leben etwas gründen.

Über die Gastautorin

Anita Tillmann, geboren 1972 in Düsseldorf, hat ihre Leidenschaft zum Beruf gemacht. 2002 erkennt und nutzt sie die Chance, die deutsche »Einheitsmode« um internationale Designer-Marken zu bereichern und durch das revolutionäre neue Messekonzept der PREMIUM die Messelandschaft für immer zu verändern. Tillmann hat sich durch ihr ausgeprägtes Gespür für Lifestyle-Trends, Zukunftsthemen, Innovationen sowie die Entwicklung strategischer Konzepte international einen Namen gemacht. Die PREMIUM GROUP zählt heute zusammen mit den wichtigsten Modemessen PREMIUM, SEEK, dem Fashion Festival THE GROUND sowie der FASHION-TECH Konferenz, auf denen pro Saison 1.500 Brands die neusten Kollektionen, Trends und Innovationen präsentieren, zur größten B2B-Business- und Content-Plattform für Advanced Contemporary Fashion in Europa.

18

Glücks-Unternehmer*in des eigenen Lebens werden

Es gibt viele gute Gründe, den Weg in die berufliche Freiheit zu beginnen. Es gibt aber mindestens ebenso viele gute Gründungsformen. Zwar assoziieren die meisten Menschen mit einer Gründung ausschließlich das Gründen eines Unternehmens oder den Beginn einer selbstständigen Tätigkeit, doch man kann viel mehr gründen und dadurch Positives für sich als Mensch erfahren, als man denkt.

Gründen heißt nichts weiter, als etwas ins Leben zu rufen, eine Idee zu haben und sie in die Tat umzusetzen. Es ist vergleichbar mit dem Prozess des Pflanzens. Wünschen wir uns beispielsweise einen Apfelbaum, müssen wir dafür etwas unternehmen. Zuerst bereiten wir den Boden auf und vor, dann setzen wir den Samen und kümmern uns darum, dass aus dem Korn etwas herauswächst und bis zum Baum gedeiht. Wie beim Pflanzen gibt es auch beim Gründen unterschiedliche Böden, die wir bestellen, und Samen, die wir säen können. Einige davon machen sogar noch glücklicher als das Gründen eines Unternehmens an sich, was schon etwas heißen soll.

Etwas gründen, um Gutes im rechtlich abgesicherten Rahmen zu ermöglichen

Wenn wir allein oder mit anderen etwas bewegen und unserem Vorhaben eine Verbindlichkeit nach innen und außen geben wollen, können wir beispielsweise einen Verein, eine Genossenschaft oder eine Stiftung gründen. Hierdurch geben wir unseren Aktivitäten und Zielen eine öffentlich wahrnehmbare Form, die es uns erlaubt, viele Menschen unter unserem Dach zu versammeln und dem Ganzen mehr Ernsthaftigkeit zu verleihen.

Zudem können wir als Verein, Genossenschaft oder Stiftung auch anders agieren, weil wir nicht als Privatperson für unsere Vorhaben werben, sondern als juristische Person, die rechtlich abgesichert und staatlich anerkannt ist. Wir können leichter Gelder für unseren guten Zweck einsammeln, ausgeben und profitieren teilweise sogar von steuerlichen Erleichterungen.

Das Wichtigste allerdings: Unser Vorhaben bekommt ein eigenes Gesicht und die Chance auf viele andere Menschen, die mithelfen, es der Welt zu präsentieren. Was auch immer wir bewegen wollen: Als Verein, Genossenschaft oder Stiftung geben wir unseren Ideen einen hilfreichen Rahmen, den wir mit dem füllen können, was uns wirklich wichtig ist.

Sei es ein Verein als Rahmen für gemeinsame Aktivitäten, zum Beispiel für eine Sportart, die wir lieben. Sei es als eingetragene Genossenschaft und somit als Rahmen für gemeinsame Projekte, wie zum Beispiel einen »WirGarten«, mit dem man eine autarke regionale (und saisonale) Bio-Gemüseversorgung für die eigenen Mitglieder sicherstellt. Oder eine Stiftung als Rahmen für gemeinnützige Hilfe, wenn man beispielsweise benachteiligte Kinder unterstützen möchte – bei sich vor Ort oder auch in anderen Ländern.

Etwas gründen, um andere für unser*e Vorhaben zu gewinnen

Eine weitere Möglichkeit ist das Gründen beziehungsweise Starten einer Petition, mit der wir gegen für uns wichtige Ungerechtigkeiten in der Welt vorgehen und uns aktiv einbringen können. Gerade die heutigen digitalen Möglichkeiten machen es unglaublich leicht, andere auf die Themen aufmerksam zu machen, die für uns wichtig sind, und sie ebenso für eine Unterstützung zu gewinnen – zum Beispiel durch ihre Unterschrift.

Mit einer Petition können wir mit wenig Aufwand viele und vieles erreichen, schnell eine breite gesellschaftliche Aufmerksamkeit erreichen und so bemerkbaren Druck auf (politische) Entscheider*innen aufbauen, um etwas in unserem und dem Sinne vieler anderer in Bewegung zu bringen.

Etwas gründen, um anderen ein Podium zu bieten

Nicht nur wir haben etwas Wichtiges zu sagen, sondern auch viele andere Menschen. Leider fehlt manchen von ihnen einfach die Bühne, auf der sie ihre Meinung, Angebote oder Künste präsentieren können. Wir können ihnen diese Bühnen bauen. Zum Beispiel indem wir eine Veranstaltung ins Leben rufen und Expert*innen zu einem wichtigen Thema auftreten lassen. Oder wir gründen und organisieren eine Messe, auf der sich verschiedene Anbieter mit ihren Leistungen zeigen können. Gleiches gilt für eine Ausstellung, deren Ideengeber*in und Antreiber*in wir sein könnten, ohne dabei im Mittelpunkt zu stehen. Die Stars wären hier zum Beispiel die Gemälde, Holz- oder Steinarbeiten regionaler Künstler*innen.

Es gibt eine Menge Möglichkeiten, anderen zu (mehr) Sichtbarkeit zu verhelfen. Auch im World Wide Web, in dem wir die Gastgeber*innen für andere sein könnten, indem wir ihnen neue Zugänge ermöglichen und sie über unsere Social-Media-Kanäle bekannt(er) machen.

Etwas gründen, um mit anderen aktiv etwas zu verbessern

Jede*r von uns hat gewisse Themen, die das eigene Herz berühren und im eigenen Leben eine sehr hohe Wichtigkeit besitzen, obwohl sie dieses im Alltag kaum beeinflussen. In vielen von uns stecken aber nun einmal (zum Glück) kleine Weltverbesserer*innen. Warum geben wir ihnen nicht einfach Raum, damit sie sich entfalten können?

Indem wir eine private Initiative gründen, können wir uns zum Beispiel ganz gezielt den Themen widmen, die für uns von elementarer Wichtigkeit sind. Ob grundsätzliche weltweit gültige Themen wie Bildung, Inklusion, Gleichstellung, Armut, Umweltschutz. Oder mehr regionale Themen, wie die behindertengerechte Stadt, der regelmäßige Busverkehr auch in entlegene Dörfer, konkrete Verbesserungen in den Schulen vor Ort, saubere Wälder, wandernde schutzbedürftige Kröten und dergleichen mehr.

Es liegt an uns, was wir ins Auge fassen und dann auch aktiv in die Hand nehmen.

Etwas gründen, um Gleichgesinnte für gemeinsame Aktivitäten zusammenzubringen

Wer schon einmal ein Konzert erlebt hat, weiß, wie wunderschön es ist, wenn Zigtausende gemeinsam ein Lied singen und sich zusammen an diesem Erlebnis freuen. Was im Großen funktioniert, das klappt auch im Kleinen. Daher kann es äußerst bereichernd sein, Menschen mit gleichen Interessen und/oder Vorhaben unter einem gemeinsamen »Dach« zusammenzubringen. Ob persönlich oder über die Möglichkeiten der sozialen Netzwerke.

Dies kann der regelmäßige Fußballnachmittag sein, an dem man sich auf einem Bolzplatz oder eine Wiese trifft und gemeinsam eine schöne Zeit verbringt. Oder die Häkelgruppe, die sich jeden Mittwoch um 15 Uhr zum gemeinsamen Handarbeiten und Klönen trifft. Ob politischer (Online-)Stammtisch zu acht, (virtueller) Schachabend zu zweit oder (realer) Flohmarkt mit ganz vielen: Es braucht immer eine*n Initiator*in, der*die das Ganze startet und allem einen Halt gibt. Warum nicht Sie?

Etwas gründen, um unser Wissen weiterzugeben

Früher war es deutlich aufwendiger, unser Wissen und unsere Erfahrungen an andere weiterzugeben, wenn wir dies denn möchten. Entweder musste man sich bei der IHK oder einem anderen Bildungsanbieter bewerben, um dann mit relativ viel Aufwand einen Kurs zu planen und durchführen zu können. Oder man hat selbst versucht, mehrere Menschen für eine selbst organisierte Veranstaltung zu gewinnen.

Heute geht alles viel schneller. Ob Podcast, YouTube-Kanal, Instagram, Facebook, Twitter oder Clubhouse: Es ist nicht mehr die Frage, ob es geht, sondern nur, bei welchem Weg wir uns am wohlsten fühlen. Und wo wir mit unserem Anliegen am besten hinpassen. Wir können ausschließlich unsere Stimme über einen Podcast »sichtbar« machen oder in einem YouTube-Video mehr von uns zeigen oder einen anderen Weg wählen.

Viel wichtiger als der richtige Kanal ist unsere Lust daran, anderen mit dem weiterzuhelfen, was wir wissen und können. Die Lust am Geben zeichnet uns Gründer*innen besonders aus – ob unentgeltlich und für jeden frei zugänglich oder für eine Zielgruppe, die dafür einen bestimmten Preis zahlt. Wir dürfen unser Wissen natürlich für uns behalten, müssen wir aber nicht. Vor allem nicht, wenn wir mit dem, was wir der Welt zur Verfügung stellen, auf ein positives Echo stoßen und anderen weiterhelfen.

Das besondere Gründer*innen-Gen

In jedem Menschen steckt das Gründer*innen-Gen, auch wenn dies vielen nicht bewusst ist. Es führt nicht bei allen dazu, dass jede*r ein eigenes Unternehmen gründet. Dennoch haben wir alle eine große Freude daran, etwas Neues zu beginnen. Und damit ist nicht immer etwas ganz Konkretes gemeint, wie das Gründen einer Familie (wobei dies auch für große Freude sorgen kann).

Egal, was wir in unserem Leben gründen, starten, bewegen: Es macht etwas mit uns. Wir sind aktiver, glücklicher, lebendiger, wenn wir das Heft des Handelns selbst in die Hand nehmen und unser Leben selbst in unserem Sinne gestalten. Wir sind eingebunden in die Kreisläufe der Gesellschaft und Teil des Ganzen, weil alles, was wir beginnen, auch eine (Aus-) Wirkung auf andere hat und so mit ihnen in Austausch tritt.

So ist es kein Wunder, dass das Unternehmertum, etwas zu unternehmen an sich, vielen von uns in Fleisch und Blut übergeht und irgendwann sogar in unsere DNA einfließt. Obwohl wir es manchmal nicht bewusst wahrnehmen, sehen wir als Unternehmer*innen auch privat mehr das Positive als das Negative (und wenn wir es sehen, dann mit der Frage, wie wir es verbessern oder für uns nutzen können). Wir finden immer mehr Lösungen, statt Probleme zu suchen, und freuen uns mehr auf die Zukunft, statt an ihr zu verzweifeln, weil wir sie mitgestalten.

Unternehmer*innentum macht etwas mit uns. Wir lernen über die teils vielen Jahre fast automatisch und oft unbemerkt nebenbei Dinge, die weit über unsere Arbeit hinausgehen. Wir wachsen menschlich, in unserer Art, wie wir die Welt und uns selbst sehen und mit beidem umgehen. Unser Unternehmensalltag bietet uns mit seinen unzähligen Ah-, Oh- und Aha-Momenten die perfekte Umgebung zur inneren und äußeren Reife. Kein Wunder, beeinflussen nicht nur wir das Äußere mit unserem Inneren, sondern auch umgekehrt verändert das, womit wir uns umgeben, uns ein Stück weit.

Unsere unternehmerische Reife geht daher immer einher mit unserer menschlichen Entwicklung, der Verfeinerung und Abrundung unserer Persönlichkeit. Oft dürfen wir uns über uns selbst wundern, wenn wir scheinbar plötzlich neue Seiten an uns entdecken, die vor einigen Jahren noch unmöglich da waren. So dürfen wir uns ebenso darüber freuen, dass wir mit der Zeit nicht nur fachlich, methodisch oder führungstechnisch reifer werden, sondern vor allem sozial, menschlich und persönlich.

Selbst und ständig aktiv sein, etwas gründen und unternehmen macht uns zudem unabhängiger von anderen und erweitert die Möglichkeiten auf dem Mischpult unseres Lebens.

Gute Gründe, um zu gründen, und Formen, wie man gründen kann, gibt es schier unendlich viele. Sie alle haben jedoch ein gemeinsames Ziel: unser Glück. Die (Sprach-)Wurzel des Glückes entspringt übrigens dem mittelhochdeutschen Wort »Gelücke«, dessen dazugehöriges Verb »gelingen« bedeutet. Glück ist also gelingen. Und Gelingen folgt aufs Tun, aufs Gründen. Wenn wir gründen, sind wir dem Glück also bereits ganz nah. Bringen wir zusammen, was zusammengehört.

Wir Menschen brauchen das Glück.

Unsere Welt braucht Gründer*innen.

Leben wir doch einfach aus, was wir bereits sind: Glücksgründer*innen!

> **»Ja, aber…«**
>
> Diesmal heißt es »Aber ja« statt »Ja, aber«! Ja zum Gründen und Ergründen der unendlichen Möglichkeiten, die in Ihrem beruflichen Leben noch auf Sie warten. Gehen Sie Ihrem Arbeitsglück auf den Grund und starten Sie ein neues aufregendes Kapitel in Ihrem Leben, von dem Sie vielleicht noch nicht wissen, wie's genau endet. Dafür entscheiden Sie jedoch maßgeblich mit, was auf dem Weg dorthin alles passiert an kleinen wie großen Wundern.
>
> Es gibt so vieles, wofür es sich lohnt, etwas (und sich) in Bewegung zu setzen und sich dadurch auf unterschiedliche neue Arten zu verbinden: mit der Welt, anderen Menschen und vor allem mit sich selbst, dem eigenen wahren Wissen, Können und Wollen.
>
> Gründen ist Glück.
>
> Glück ist Leben.
>
> Leben Sie los!

Vom Glück des Gründens

Ein Gastbeitrag von Christian Vollmann

Ich habe in meinem Leben bereits mehrfach gegründet und kann bestätigen: Es macht (mich) glücklich. Aber warum eigentlich? Als Florian Langenscheidt mich dies fragte, staunte ich zunächst über mich selbst. Warum hatte ich mir diese einfache (und gute!) Frage noch nie gestellt?

Beim Nachdenken musste ich an den intellektuellen Disput zwischen den beiden Vätern der Psychoanalyse, Sigmund Freud und Alfred Adler denken. Während bei Freud die Frage nach dem Grund (Kausalität) im Vordergrund steht, betont Adler die Notwendigkeit, nach dem Zweck (Finalität) einer Handlung zu fragen.

Ich bin ein großer Fan von Alfred Adler. Er hätte mir geraten, mich selbst zu fragen, warum ich eigentlich Gründer sein will. Was treibt mich an, welche Ziele verfolge ich damit? In meiner Motivation liegt die Antwort auf die Frage, warum es mich glücklich macht. Warum will ich also gründen?

Zunächst bin ich geleitet von einem unbedingten Streben nach Freiheit, Unabhängigkeit und Selbstbestimmung. Ich möchte mein Schicksal schlicht selbst in die Hand nehmen, meine eigenen Entscheidungen treffen. Meines »eigenen Glückes Schmied« sein. Natürlich bedeutet das im Umkehrschluss, niemanden, außer mich selbst zu haben, den ich für

Misserfolge verantwortlich machen könnte. Ich finde das nur ehrlich.

Hinzu kommt der starke Wunsch, etwas aufzubauen, zu erschaffen. Etwas, auf das man stolz sein kann. Erinnern Sie sich daran, wie erfüllend es war, als Kind eine Sandburg am Strand zu bauen? Wir waren kreativ, haben Pläne geschmiedet und Stunden damit verbracht, Gräben zu ziehen und Mauern und Türme zu errichten. Wir haben die Zeit vergessen. Und am Ende waren wir glücklich.

Als Gründer hat man die Chance, etwas aufzubauen, das nicht am gleichen Abend vom Meer weggespült wird. Man kann etwas aufbauen, das größer ist als man selbst. Etwas, das viele Menschen inspiriert, ihnen Arbeit gibt und sie als Kund*innen berührt. Idealerweise etwas, was einen gar überdauert. Das finde ich faszinierend, und es ist eine starke Triebfeder für mich.

Dann wäre da noch der Wunsch, mir die Menschen, mit denen ich arbeite, selbst aussuchen zu können. Gründen ist Teamwork. Zurück zur Sandburg: Wir haben die nicht allein gebaut. Da waren andere Kinder dabei. Wir haben gemeinsam geträumt, geplant, gearbeitet, die nahende Flut verflucht. Gemeinsam waren wir stark. Und glücklich.

Wir Gründer*innen können uns unser Team selbst zusammenstellen. Dabei gilt die berühmte *No Asshole Rule*. Ich suche mir stets Mitgründer*innen, die mir sympathisch sind, auf die ich mich verlassen kann und die meine Vision der Idee teilen. Idealerweise haben wir als Gründer*innenteam komplementäre Kompetenzen und ergänzen uns gut.

Eine Motivation, die erst nach meiner dritten Gründung hinzugekommen ist, seitdem aber immer stärker wird, ist der Wunsch, eine positive Wirkung zu erzielen. Für mich stellt das die Königsdisziplin dar: Ein Unternehmen zu schaffen, welches sich nicht nur marktwirtschaftlich trägt und

Arbeitsplätze schafft, sondern darüber hinaus mit der angebotenen Leistung die Welt in die richtige Richtung voranbringt.

Mit der Gründung von nebenan.de geht es uns im Kern darum, den gesellschaftlichen Zusammenhalt zu stärken. Der Schlüssel dazu liegt in guter Nachbarschaft.

Aktuell beschäftige ich mich mit einer Idee, die eine CO_2-Kreislaufwirtschaft entstehen lässt und somit einen substanziellen Beitrag zur Bewältigung der Klimakrise leistet. Sollten wir damit Erfolg haben, würde uns das sehr, sehr glücklich machen.

Dies sind also meine vier Gründe, warum mich Gründen glücklich macht. Aber sind es auch Ihre? Hinterfragen Sie Ihre eigene Motivation und finden Sie es heraus!

Das hier klingt alles so einfach. In Wirklichkeit ist es das aber gar nicht. Ich hatte auch schon Ideen, mit denen ich gescheitert bin. Ich habe regelmäßig Tage, an denen mich Sorgen, Ängste und Selbstzweifel plagen. Ich glaube kaum, dass ich der Einzige bin, dem es so geht. Nur wird viel zu selten darüber gesprochen.

Wer gründet, sollte ein Bewusstsein dafür entwickeln, achtsam mit sich umgehen und sich Strategien erarbeiten, was man an schwierigen Tagen macht, um neuen Mut zu schöpfen. Ich zum Beispiel spreche mit meiner Frau über meine Sorgen und gehe laufen. Danach sieht die Welt schon wieder anders aus...

Über den Gastautor

Christian Vollmann (Jahrgang 1977) ist leidenschaftlicher Unternehmer. Er hat mehrfach erfolgreich gegründet (iLove, MyVideo, eDarling) und zuletzt mit nebenan.de ein soziales

Netzwerk für gute Nachbarschaft etabliert. Christian Vollmann investiert auch in die Unternehmer*innen von morgen. Er war an über 80 Gründungen beteiligt (zum Beispiel Trivago, SumUp, Inkitt) und wurde dafür zum Business Angel des Jahres 2017 gekürt. Außerdem unterstützt er Ashoka, eine gemeinnützige Organisation zur Förderung von Sozialunternehmer*innen. Aktuell bereitet Christian Vollmann seine nächste Gründung vor, die die Etablierung einer CO_2-Kreislaufwirtschaft zum Ziel hat. Er ist verheiratet, dreifacher Vater und lebt mit seiner Familie in Berlin.

Vom Glück des Gründens

Interview mit Judith Williams

Was hat Sie immer wieder glücklich gemacht beim Gründen und Unternehmen?

Es ist die Entdeckung meiner Selbst, die nur durch die Gemeinschaft mit anderen gelingen kann. Grundsätzlich glaube ich, dass jeder Mensch in irgendeiner Weise ein »Erschaffer« ist und in dieser Eigenschaft eine Menge Unternehmertum unterschiedlichster Couleur liegt. Genau diese Farbwelt mit anderen und in mir erfahren zu dürfen ist der eigentliche Lohn des Unternehmertums.

Wir alle erschaffen unser Leben auf unterschiedlichste Art und Weise. Mitunter durch unsere Bereitschaft oder unseren Hunger darauf, am Leben offen und mit einer gesunden Selbstreflexion teilzunehmen, und die Möglichkeit, uns mit dieser Geisteshaltung weiterzuentwickeln. Wer als Kind erlebte, eine Sandburg oder ein schiefes Baumhaus zu gestalten, wird sich an diesen Moment der höchsten Freude erinnern. Wir versanken in der Vision, wie es aussehen sollte, und jedes noch so zerbrechliche Ästchen wurde gesammelt, viel zu große und schwere Stämme wurden von uns Kindern geschleppt. Wir spürten weder Hunger noch Durst, bis alles zu unserer Zufriedenheit gestaltet war. Wir vergaßen dabei Zeit und Raum, obgleich es vielleicht regnete und wir keine wasserfesten Schuhe trugen.

Aus eigenem Antrieb in Aktion zu treten und etwas auf die Beine zu stellen bewirkt nicht nur die äußere Metamorphose von losen Hölzern, die zu einem stattlichen Baumhäuschen werden, sondern eine innerliche Metamorphose des bewussten Erlebens des eigenen Selbst. Hindernisse sehen, Lösungen finden, Barrieren überwinden.

Für mich persönlich ist es aber besonders die Gemeinschaft in all ihren Farben, Facetten und Talenten, welche aus so vielen Persönlichkeiten besteht, die mich besonders bewegt. Es erfüllt mich mit höchstem Glücksgefühl, Menschen und ihre Talente zu erkennen. Auch Fähigkeiten in ihnen zu sehen, welche ihnen selbst zu dem Zeitpunkt gar nicht bewusst sind. So entwickeln wir uns gemeinschaftlich weiter und lernen miteinander und voneinander. Das macht mich glücklich, mich einzubringen, andere zu sehen, wahrzunehmen, einen Teil zu ihrer Entwicklung beizutragen und uns damit für unsere Kund*innen in unserer besten Form zu beschäftigen.

Nur Glück geht nicht – was waren dunkle Momente?

Wenn du aufhörst, an deine Kraft zu glauben, hast du sie verloren. Es ist ein bisschen wie in einem Science-Fiction-Roman. Du bist der Held deiner eigenen Geschichte, und du fällst in dem Moment, in dem du ängstlich zweifelst. Damit meine ich nicht eine gesunde Portion Selbstreflexion, die zur Weiterentwicklung unabdingbar notwendig ist, sondern Momente der Angst. Schaffe ich das, kann ich das? Solche Momente erlebt jeder, der voll und ganz lebt, und das Einzige, was hilft, ist: nicht endlos zweifeln oder überdenken, machen. Die Welt dreht sich ohnehin mit dir oder ohne dich weiter. Also lieber mit dir.

Es gab Brüche, bei denen ich wusste, jetzt muss ich mich weiterentwickeln, sonst dreht sich mein Rad zurück, und ich sitze fest. Das sind Momente der bitter schmeckenden Wahrheit. Es lohnt sich, hier kurz innezuhalten und genau zu spüren, welche Emotionen dadurch in dein Leben einziehen. Schnell wurde mir bewusst, dass ich dort nicht verweilen wollte. Ja, genau dieser Geschmack löst in mir Adrenalin aus, was mich zum »Du musst handeln« führt. Einige sagen »mutig«. So mutig finde ich das alles ehrlich gesagt nicht. Viel eher ist es, sich in einer unguten Situation nicht wohlzufühlen. Dann gehst du einfach durch und riskierst, was für ein besseres Morgen im Feuer steht. Nicht immer habe ich dabei gewonnen, aber gerade oft genug, dass ich weitermachen konnte. Später erst siehst du, was du wirklich gewonnen hast. Es ist die Erfahrung, die dich belohnt. Den Neuanfang, den du gewagt hast, so schmerzlich oder holprig er auch gewesen ist. Er führte dich zu einer besseren Kenntnis deiner selbst und zu der warmen Umarmung, die du dir selbst gibst.

Was bedeutet Ihnen die Freiheit des Selbst-Dinge-in-die-Hand-Nehmens?

Im Grunde ist es Selbstbestimmung und Verantwortung für die eigenen Entscheidungen und somit für mein Leben. Es bedeutet, dass ich bin. Ich werde nicht gelebt, sondern lebe und stehe für mich ein. Jede*r hat mittlerweile größeren oder kleineren Wandel in irgendeiner Form selbst oder im Umfeld erfahren. Was früher wie eine eiserne Stange, an der man sich gemütlich festhielt, erschien, ist mittlerweile fluid und nicht mehr greifbar.

Einige werden sagen: »Wie nehme ich etwas in die oder halte es in der Hand, das nicht greifbar und damit zu steuern ist?« Man erkennt, dass nur das eigene Verhalten, deine Gedanken, deine Werte, das, was du als Mensch gibst und ausstrahlst, für dich steuerbar ist. Das hat nichts mit großen oder kleinen Entscheidungen zu tun. Dafür muss man nicht CEO der eigenen

Firma sein, sondern es geht vielmehr darum, zu wissen, ich handle nach bestem Gewissen und bin bereit, Verantwortung für mich und die Menschen um mich herum mitzutragen.

Welchen Beitrag kann ich sinnstiftend in der sich wandelnden Situation mit den eigenen schon vorhandenen Fähigkeiten leisten? Welche weiteren Fähigkeiten machen Sinn und Freude, wenn ich sie erlerne?

Neue Fähigkeiten zu erlernen ist die Grundlage, um sich selbst mit gutem Gefühl und Bewusstsein weiterzuentwickeln und sich somit selbst auf seinem Lebensweg immer wieder neu zu entdecken.

Und was rufen Sie Menschen (insbesondere Frauen) zu, die gerade überlegen, sich selbstständig zu machen?

Egal ob Mann oder Frau – ich stelle die Frage, die ich mir persönlich oft stelle: »Was ist dein wahrer Beweggrund hinter deinen Aktionen?« Auch frage ich gern: »Was muss ich über dich wissen, um zu verstehen, wer du bist und wer du sein möchtest?« Die Antworten geben meistens tiefe Einsicht, und manchmal lenken sie uns in eine ganz neue Richtung.

Auch wenn ich Armut in meiner Kindheit erlebt habe, waren finanzielle Gründe nie mein Motor oder Antrieb. Auch war es nicht die Macht, die man mit dem*r sogenannten Chef*in verbindet. Das war alles nur ein Nebenprodukt meiner Tätigkeiten.

Wie viel Freude hast du an dem, was du tust? Wie siehst du deine Weiterentwicklung in den nächsten fünf Jahren?

Dein Vorhaben sollte dir dazu dienen, deine innere Bestimmung zu ergründen und diese zu leben. Trotzdem wird es Zeiten geben, in denen man sich von seinem eigenen Tun verschlungen fühlt.

Das macht nichts, sprich wohlwollend mit dir selbst und beginne wieder, zu gestalten, anstatt hinterherzulaufen. Hinterherlaufen lässt das Gefühl der Bedeutungslosigkeit aufkommen. Das ist für niemanden gut genug. Dein Wirken hat eine tiefere Bedeutung für dich und für alle um dich herum. Steh auf und *walk your walk*, wie mein Großvater aus Montana mir sagte, als ich mich von ihm verabschiedete und traurig mit meinen Eltern zurück nach Deutschland flog.

Nicht wissend, dass ich ihn nur einmal treffen durfte, aber seine Worte in allen Schlüsselmomenten in meinem Leben laut ertönen.

Durch die Bereitschaft, dein Leben und deine Aktionen selbst in die Hand zu nehmen, entscheidest du dich für dich selbst. Als Chef*in dienst du den Menschen, die dir anvertraut sind. Es gibt sicher viel Rat in Bezug auf das Gründen, doch die meisten Probleme im Management oder im Leben werden meiner Erfahrung nach gelöst, wenn man die einfachsten Dinge in Bescheidenheit befolgt.

Love and respect yourself and the people around you!

Über Judith Williams

Judith Williams, Jahrgang 1971, startete ihre Karriere als Verkaufs-Moderatorin bei QVC und HSE24. Aufgrund ihrer Begeisterung für und Liebe zur Kosmetik gründete die zweifache Mutter ihre eigene Luxus-Kosmetik-Linie, die zur erfolgreichsten Marke im europäischen Homeshopping wurde. Seit 2014 ist Judith Williams auch als Investorin in der VOX-Gründer-Show »Die Höhle der Löwen« im Einsatz. 2017 gelang ihr mit ihrem Beauty-Unternehmen die erfolgreiche Expansion in den internationalen stationären Handel.

»*Warte nicht. Der Zeitpunkt wird niemals perfekt sein.*«

Napoleon Hill

Auf ins Gründerglück! – Nachwort von André Schulz

Danke von Herzen…

… dass Sie einen Teil Ihrer Lebenszeit investiert haben, um unser Buch zu lesen. Florian Langenscheidt, die anderen 20 Unternehmer*innen und ich hoffen, dass Sie viele gute Gründe gefunden haben, warum sich der Schritt in die Selbstständigkeit beziehungsweise ins Unternehmer*innentum lohnt.

Falls Sie jetzt motiviert sind und gleich loslegen wollen mit der Planung Ihrer neuen Berufsreise, freuen wir uns sehr, denn genau deswegen haben wir unser Herzblut in dieses Buch gelegt, damit Sie Ihr (Gründer*innen-)Herz in die Hand nehmen.

Falls Sie jedoch noch zweifeln, sich vielleicht fragen »Kann ich das wirklich?« oder »Ist das nicht doch zu riskant?«, helfen Ihnen vielleicht ein paar Gedanken aus meinem eigenen »Unternehmer-Nähkästchen«.

Vorab: Ich bin kein (fernseh-)bekannter Unternehmer und habe auch kein Multi-Milliarden-Euro-schweres Unternehmen aus dem Boden gestampft. Ich bin ein Stellvertreter der Millionen »unsichtbarer Unternehmer*innen«, der es unendlich genießt, frei zu sein, die eigene Berufung zu leben, sich kreativ auszutoben und sich immer wieder neu zu (er-)finden. Für uns Unternehmer*innen gibt es unzählige gute Gründungs-Gründe, die allesamt unbezahlbar sind. Und ebenso un(ein-)schätzbar.

Als ich mich mit 19 Jahren selbstständig machen wollte, eröffnete ich dies meinen Eltern am heimischen Esstisch und öffnete dazu mein (damals modernes) Tisch-Flipchart samt Folienpräsentation inklusive Businessplan. Meine Mutter weinte daraufhin, jedoch nicht aus Freude, sondern aus Sorge um mich und Unverständnis für meine Entscheidung. Sie konnte überhaupt nicht verstehen, wie ich als einer der Abschlussbesten meine nach der Ausbildung bereits in Aussicht gestellte Karriere und den sicheren Job bei der Sparkasse für eine unsichere Selbstständigkeit in den Wind schoss.

Sie müssen wissen: Ich komme aus einer klassischen Beamten- und Angestelltenfamilie, und in meiner jüngeren Familienhistorie gibt es eben keine unternehmerischen Erfolgsgeschichten. Daher schrieb ich an der ersten: meiner eigenen.

Seit mehr als 20 Jahren wirke ich nun als kreativer Freigeist, habe Unternehmen gegründet, mich an welchen beteiligt, war erfolgreich, bin gescheitert, habe viel Geld verdient und Geld verloren, freute mich mal über 30 Mitarbeiter*innen, dann über »nur« zwei, habe geniale wie selten dämliche Entscheidungen getroffen. Kurzum: Ich fahre seit zwei Jahrzehnten auf einer atemberaubenden Unternehmens-Achterbahn, die permanent in Bewegung ist. Mal geht es steil bergauf, dann wieder bergab. Mal stehen einem die Haare zu Berge, dann steht sogar alles kopf. Überraschende Wendungen sind vorprogrammiert, ebenso wie sich abwechselnde Jubel- und Sorgenschreie. Langweilig ist ein Unternehmer*innen-Leben auf gar keinen Fall.

Daher werde ich, was auch immer in meiner Unternehmens-Achterbahn noch passieren wird, niemals aussteigen. Wo sonst darf man mehrere Leben in einem erleben und Erfahrungen machen, die anderen verwehrt bleiben!? Hätte man meinem 19-jährigen Ich damals am elterlichen Esstisch gesagt, es dürfte in den folgenden 25 Jahren unternehmerisch entscheidend mitwirken an einem Meinungsforschungsinstitut, einer Unternehmensberatung, einer Trainingsgesellschaft,

einer Werbeagentur, einem Buchverlag, einer Eventagentur…
Mein 19-jähriges Ich hätte es nicht geglaubt. Wie auch,
schließlich besitzt niemand, der noch nie gegründet hat, über
eigene Erfahrungen und somit auch nur über eine sehr einge-
schränkte Vorstellungskraft.

Ich hätte mir zum Beispiel nie vorstellen können, dass ich
ein FinanzTheater erfinde, 13 Theater-Drehbücher schreibe,
eines meiner Stücke (für mich unglaubliche) über 150-mal
aufgeführt wurde, andere hingegen nur ein einziges Mal. Erfolg ist eben nicht nur das, was folgt, wenn man etwas unternimmt. Es ist auch das Bewusstsein, dass Licht nicht ohne
Schatten existieren kann, Berge nicht ohne Täler und Glück
nicht ohne Unglück.

Für mich ist es vor allem das Ungewisse, das eine Gründung so spannend macht. Der Reiz liegt darin, mit 25 Jahren
eben *nicht* zu wissen, wie der Karriereweg samt Tätigkeiten
und Gehalt bis 67 ganz genau aussieht. Unternehmer*innentum ist keine lange planbare Gerade, sondern ein pulsieren-
der Herzschlag. Als Unternehmer*innen sind wir ein lebendiger Teil des natürlichen Kreislaufs und dürfen mit unserem
Wirken etwas für uns und andere bewirken und uns an atemberaubenden Erfolgen ebenso erfreuen wie an unscheinbaren
Glücksmomenten.

Daher flüstere ich Ihnen zu, wenn Sie noch leise zweifeln:
Gründen bereichert *in jedem Fall*. Im Großen wie vor allem im Kleinen, mit dem man übrigens auch starten kann,
wenn man sich ans Gründen großer Unternehmen beziehungsweise die eigene Selbstständigkeit erst herantasten und
Sicherheit darin erlangen möchte.

Ich habe in der Corona-Krise ganz bewusst viele neue
Kleinigkeiten gegründet und andere hierbei unterstützt.
Zum Beispiel startete ich einen Glücks-Geld-Podcast (Soul-
money – Erfüllende Finanz-Spiritualität) und habe auch

meiner Frau bei ihrem Podcast geholfen (»Suche Sinn fürs Leben«) der übrigens erfolgreicher ist als meiner (was mir wiederum aufs Wundervollste zeigte, dass es einen selbst viel glücklicher macht, anderen dabei zu helfen, glücklich/er zu werden). Ebenso konnten wir zwei unserer drei Kinder begeistern, etwas Eigenes zu gründen und so vor allem ihre besonderen Fähigkeiten, Leidenschaften und Möglichkeiten zu ergründen. Direkt zu Beginn der Krise schenkten wir unseren Söhnen Matti (damals 9) und Paul (damals 11) jeweils 500 Euro Startkapital, mit denen sie ihr eigenes Unternehmen gründen durften. Was als positiver Lerneffekt gedacht war, gerade in dunklen Zeiten ein Licht anzuzünden und positiv-aktiv zu sein, entwickelt sich seitdem stetig weiter. Mal sehen, wo's hinführt. Auf jeden Fall haben beide viel Freude daran, an etwas Eigenem zu basteln und ihrem Inneren ein sichtbares Gesicht zu geben. Falls Sie diese zwei Jung-Unternehmer unterstützen möchten, besuchen Sie gern Ihre YouTube-Kanäle »Smile Snakes« und »Matt-Man«.

Eigene Gruppen oder Kurse, die man ins Leben ruft, sind auch eine wundervolle Erfahrung vor einer Unternehmensgründung. Ich habe beispielsweise an einer Schule eine »Fantasiefabrik« gegründet und helfe Kindern beim Ausdruck ihrer selbst und dem Schreiben eigener Geschichten. Anderen dabei zu helfen, ihre Visionen in die Tat umzusetzen, ist eine wunderschöne Möglichkeit, Gründungsluft zu schnuppern. Meine Frau und ich haben beispielsweise den »WirGarten Lüneburg« mitgegründet, der unsere mittlerweile mehr als 550 Mitglieder mit selbst angebautem regionalem Gemüse versorgt.

Übrigens: Gründen kann auch zum besonderen Beziehungsturbo werden, wenn Sie mit Ihrem*r Liebsten eine gemeinsame Vision teilen und sie zusammen voller Liebe und

Begeisterung in die (Unternehmens-)Welt tragen. Meine Frau und ich bauen derzeit beispielsweise eine gemeinsame Firma auf (youlife.de) und hoffen, dass wir mit unserem Lebensfinder vielen Menschen dabei helfen können, so zu leben, wie sie es wirklich wollen: bewusst, selbstbestimmt, erfüllt.

Gründen lohnt sich immer, weil es eine stets individuelle lebens- und glückssteigernde Reise ist. Also: Was könnten Sie im Kleinen ohne viel Aufwand gründen, das Ihnen Aufwind für den großen Schritt gibt?

Wer weiß, vielleicht startet ja gleich eine neue Reise, wenn Sie das Buch als Leser*in aus der Hand legen und als Gründer*in Hand anlegen an Ihre neue berufliche Zukunft und Ihr gewünschtes Arbeitsglück.

Also: Grübeln Sie nicht.

Gründen Sie einfach!

Herzlichst,
Ihr
André Schulz

Übrigens:

Auf der nächsten Seite finden Sie Ihren Gutschein für unseren kostenlosen Onlinekurs, der von André Schulz speziell zum Buch entwickelt wurde, um Ihnen die ersten Schritte in Ihr Gründerglück zu erleichtern.

Wir wünschen Ihnen viel Freude dabei, das Besondere in Ihnen zu entdecken und zum Leben zu erwecken.

Der einzigartige Onlinekurs zum Buch
»Vom Glück der Freiheit - Vom Wunsch zur Wirklichkeit«

Gutschein für Ihren kostenlosen Zugang

Sie sind motiviert, zu gründen bzw. sich selbständig zu machen und möchten jetzt wissen:

- was Ihre stärksten Antreiber sind und wie Sie sie für Ihre Gründung/ Selbständigkeit nutzen?
- wie Sie Ihr Geschäftsmodell finden, das zu Ihren Fähigkeiten, Leidenschaften und Möglichkeiten passt?
- wie Sie Ihrer Gründung ein passendes anziehendes Gesicht verleihen?

Dies alles erfahren Sie in unserem für Sie als Leser*in kostenlosen Onlinekurs, der speziell zum Buch entwickelt wurde, um Sie auf den ersten Schritten in Ihre Selbständigkeit zu begleiten.

Drei Schritte zu Ihrem Gründer*innen-Glück:

1. auf www.youlife.de/vomglueckderfreiheit gehen,
2. Gutscheincode »gründungsglück22« eingeben und
3. mit Ihrer E-Mail-Adresse den Kurs kostenfrei genießen.

Legen Sie los. Leben Sie los.
Viel Freude beim Gründen!